SO LÄUFT START-UP

Florian Gschwandtner

mit Matthias G. Bernold

SO LÄUFT START-UP

Mein Leben,
meine Erfolgsgeheimnisse

ecoWIN

1. Auflage
© 2018 Ecowin Verlag bei Benevento Publishing Salzburg – München,
eine Marke der Red Bull Media House GmbH, Wals bei Salzburg

Medieninhaber, Verleger und Herausgeber:
Red Bull Media House GmbH
Oberst-Lepperdinger-Straße 11–15
5071 Wals bei Salzburg, Österreich

Lektorat: Maria-Christine Leitgeb
Satz: MEDIA DESIGN: RIZNER.AT
Umschlaggestaltung: b3K design, Andrea Schneider, diceindustries
Printed in Austria
ISBN 978-3-7110-0177-1

*Dieses Buch möchte ich gerne meinem Großvater –
Karl Freynschlag – widmen. Er war und ist immer ein Vorbild
für mich, hat nie in seinem Leben gejammert, war extrem fleißig
und hat noch dazu immer alles für uns Enkelkinder getan. Ihn
als Stütze zu haben, war in meiner Jugend enorm wichtig, und
dafür bin ich ihm sehr dankbar. Ich hoffe, dass ich einmal ganz
ähnlich sein werde wie er.*

Danke Opa!

Inhalt

VORWORT

Und dann das Stechen im Nacken. Man sollte annehmen, dass sich mit viel Training, einem gesunden Lebensstil und einem gut entwickelten Körperbewusstsein Verletzungen wie diese verhindern lassen. Aber von gewissen Widrigkeiten des Lebens bleibt niemand verschont. An diesem Tag hatte es eben mich erwischt. Ich stieg in der Früh aus dem Bett, streckte mich und plötzlich – ein Stich in der Halswirbelsäule. Der Arzt erklärte mir später, ich hätte vermutlich bei den Kniebeugen am Vortag die Langhantel ungünstig auf den Nacken gelegt. Kann passieren, wenn man eine Übung nicht ganz sorgfältig durchführt. Wieder etwas gelernt.

Warum ich das erzähle? Zum einen, weil es die Abschlussarbeiten für dieses Buch insofern geprägt hat, als ich meinen Alltag umbauen musste. Anstatt bald meinen ersten Triathlon zu absolvieren, stehen jetzt Physiotherapie, Dehnen und einige Wochen kein Sport auf dem Programm. So hart das auch ist, lehren mich diese Zwangspause und die Verletzung wieder einiges über das Leben. Ich könnte jetzt verzweifeln und mir die Frage stellen, warum es ausgerechnet mich genau in diesem Moment erwischt – das wäre aber nicht ich.

Mein Zugang: Ich versuche, mich diesem Ereignis auf eine positive, eine bejahende Weise zu nähern. Ich freue mich darauf, dass ich stärker und motivierter zurückkommen werde. Es geht ja im Leben weniger darum, Niederlagen zu vermeiden, sondern richtig damit umzugehen. Was mich zum Kernthema dieses Buches bringt:

Ich will darin nicht nur meine Lebensgeschichte und die Geschichte von Runtastic aufschreiben, die – je nach Erzählweise – in einer Garage in einem Schanigarten in der Linzer Solarcity, in einem Seminarraum in Hagenberg oder vielleicht an Renés kleinem Esstisch beginnt, eine Geschichte, die – fast neun Jahre später – bei heute 260 Millionen Downloads hält und einem 220+ Millionen Euro schweren Start-up mit mehr als 240 Mitarbeitern, sondern vor allem will ich mich mit diesem Buch der Frage nähern, mit welchen Zutaten sich ein erfolgreiches Leben bereiten lässt.

Zumindest soweit ich es beurteilen kann und soweit es meine eigene höchstpersönliche Erfahrung erlaubt, darüber ein Urteil zu fällen.

Warum dieses Buch?

Im Vorfeld haben mich viele Menschen gefragt, warum ich ein Buch schreiben möchte. Im Wesentlichen gibt es zwei Gründe. Der eine: Ich hatte es ganz einfach auf meiner *Bucket List* stehen, bis zu meinem 35. Lebensjahr ein Buch mit »sinnvollem« Inhalt zu verfassen. Um ganz ehrlich zu sein, hatte ich in den letzten Jahren nicht mehr wirklich daran geglaubt, dass ich das zeitlich je unterbringen würde. Aber wie man sieht, soll man nie aufgeben und – so wie in diesem Fall – einen, zwei oder drei Samstage mehr investieren.

Der zweite und viel, viel wichtigere Grund dafür ist, dass ich das Buch als eine Art Multiplikator sehe. Ich bekomme immer wieder Gelegenheit, bei tollen Veranstaltungen aufzutreten, großartige Menschen zu treffen und viele interessante Gespräche zu führen. Sehr oft erhalte ich sehr positives Feedback auf meine Keynotes und Vorträge. Immer wieder passiert es mir, dass mir Menschen glaubhaft versichern, dass ich sie durch meinen Werdegang und die Runtastic-Story inspiriert hätte, dass sie jetzt mit mehr Mut die Sachen anpacken würden, die sie schaffen wollten. Oder dass sie nun endlich den Mut gefunden hätten, sich die Frage nach den eigenen Lebenszielen zu stellen.

Natürlich kann ich nicht jeden Tag rund um die Uhr Keynotes halten und Motivationsgespräche führen – meine Zeit ist leider nicht skalierbar, mein Buch ist es jedoch schon.

Ich wünsche mir, dass die Leserinnen und Leser dieses Buches von meiner Story profitieren, dass sie etwas für sich herausnehmen und Inspiration schöpfen können. Gerade Menschen, die am Beginn ihrer Ausbildung stehen, die ein Unternehmen gründen oder eine Geschäftsidee verwirklichen wollen, stehen vor einer Menge wichtiger Entscheidungen. Mit diesem Buch möchte ich es diesen Menschen ein wenig erleichtern, die richtigen Entscheidungen zu fällen und ihre großen Träume zu verwirklichen.

Ich sehe dieses Buch als ein Mittel, um zurückzugeben und mich zu revanchieren für das Gute, das mir zuteilgeworden ist. Ich hoffe, dass es anderen als Inspiration dient, ihr Glück zu versuchen und den härteren Weg zu gehen.

Warum den härteren Weg?

Der meinige war alles andere als vorgezeichnet. Ich bin als kleiner Bauernbub in Strengberg aufgewachsen und war dafür vorgesehen, den Hof meiner Eltern zu übernehmen. Dass ich heute bin, wo ich bin, dazu haben eine Mischung aus Fleiß und Neugierde, die richtigen Weggefährten und natürlich eine gehörige Portion Glück beigetragen. Vielleicht am wichtigsten war mein Unwille, mich mit dem abzufinden, das mir scheinbar zugeteilt war. »Was auch immer du glaubst, tun zu können oder nicht tun zu können – du wirst damit immer recht behalten.« Dieser Satz hat mich mein Leben lang geprägt und getrieben.

Dieses Buch kann man als Lebensgeschichte eines Unternehmers lesen, der zum richtigen Zeitpunkt mit der richtigen Idee da war. Mein Buch soll aber auch eine Art Ratgeber sein. Ein Leitfaden, wenn man so will, in den ich so viel wie möglich hineingepackt habe, das einem im Geschäfts- wie im Privatleben nutzen kann.

Selbstverständlich sind dies alles nur meine eigenen persönlichen Rezepte zum Erfolg. Andere mögen andere Erfahrungen gemacht haben. Aber ich hoffe, dass möglichst viele Leute daraus Nutzen ziehen. So wie viele Leute heute – dank Runtastic – mehr Freude und Motivation am Laufen und an der Bewegung verspüren.

Die Struktur des Buches folgt grob meinem Lebenslauf, wobei es dazwischen immer wieder Einschübe – im Verlagssprech heißt das »Leseinseln« – gibt. Darin habe ich Interviews mit Menschen gesammelt, die für das Zustandekommen von Runtastic beziehungsweise für meine persönliche Entwicklung von großer Bedeutung waren. Es gibt Beiträge von wichtigen Wegbegleitern, die sich in Anekdoten mit meiner Person beziehungsweise mit Runtastic auseinandersetzen. Von allen diesen Menschen habe ich essenzielle Wahrheiten gelernt – ich hoffe, dass deren Tipps und Tricks auch meinen Lesern nutzen.

Ich wünsche jedem Leser und jeder Leserin viel Spaß mit meinem Buch und hoffe, dass dir die Tipps und Tricks darin helfen können, dich motivieren oder dich *vielleicht* da und dort etwas anders denken lassen. Wenn dies der Fall ist, habe ich hier ganz viel richtig gemacht und freue mich für dich. Ebenfalls freue ich mich, wenn du mir eine gute Bewertung hinterlässt, anderen von dem Buch erzählst oder mir Feedback sendest. Bitte unter: *buch@florian.do*.

Ein paar weitere Leseinseln und nicht veröffentlichte Inhalte findest du auch auf meiner Website: *http://florian.do/buch*.

Meine Profile auf Social Media:
LinkedIn: *https://www.linkedin.com/in/floriangschwandtner/*
Facebook: *https://www.facebook.com/florian.gschwandtner*
Instagram: *https://www.instagram.com/florian.gschwandtner/*

BLICK AUS DEM ALTEN ZIMMER

Wenn ich mein Elternhaus besuche, stelle ich mich manchmal in meinem alten Zimmer ans Fenster. Es ist ein zwölf Quadratmeter großer Raum, den meine Eltern inzwischen in ein Gästezimmer umgebaut haben. Die Möbel sind heute andere als in meiner Kindheit. Aber der Ausblick – weit in die Landschaft hinein – ist immer noch der gleiche wie vor 35 Jahren: Ich sehe das alte Mostpresshaus mit dem Ziegeldach, das – seit ich mich erinnern kann – nur noch als Abstellschuppen für Rasenmäher, BMX-Räder und Gartengeräte dient. Als kleine Kinder durften wir nicht hinein, weil drinnen die Werkzeuge und Düngemittel gelagert waren. Aber wir sind gerne auf das Dach geklettert. Sehr vorsichtig, denn das alte Dach war nicht besonders stabil, und man musste aufpassen, keinen Ziegel runterzutreten. Eine gute Gleichgewichtsübung, die meine Eltern nicht gerne sahen.

Gleich hinter dem Presshaus beginnen unsere Wiesen mit den Obstbäumen. Wie so oft im Mostviertel liegt das Land in Hügeln. Links führt eine kleine Straße in Richtung Bundesstraße 1 zum Hof der Großeltern, wo heute mein Bruder wohnt. Rechts windet sich ein Ausläufer des Musterhartenbachs. Und dahinter beginnt unser Wald. In meiner Kindheit waren es 20 Hektar Wald – groß genug, um damit zu wirtschaften. Auch einen kleinen Karpfenteich gibt es dort. Als Kinder sind wir ab und zu hineingehüpft. Weniger zum Schwimmen – es war mehr eine Schlammschlacht als ein idyllisches Bad.

Am Horizont, Luftlinie sind das vielleicht zwei Kilometer, steht die letzte Baumreihe, eine Obstbaumallee. Sie verläuft entlang der B 1, die an dieser Stelle Strengberg und Oed verbindet.

Die schnellen Motorräder und Lastwagen kann man bis zu unserem Hof hören.

Ein anderes Detail fällt mir auf. An der Außenseite der Fenster sind schwere dicke Gitterstäbe aus Gusseisen angebracht. Ich weiß nicht, was sich die Erbauer des alten Vierkanthofs gedacht haben oder vor wem sie sich schützen wollten. (Wir wissen nicht einmal genau, wann der Hof erbaut wurde. Vermutlich irgendwann Ende des 18. oder Anfang des 19. Jahrhunderts.) Bis in den ersten Stock hinauf sind die Fenster jedenfalls vergittert. Mich in der Nacht wegzuschleichen, ohne dass dies meine Eltern gemerkt hätten, wäre nicht möglich gewesen. Wohin hätte ich auch gehen sollen? Der Hof steht drei Kilometer außerhalb des Ortszentrums von Strengberg – ein Ort mit heute knapp über 2000 Einwohnern. In den beliebten Gasthäusern dort – dem *Unterberger*, dem ehemaligen *Steinkellner* und dem *Blumauer* – hätte mich jeder gekannt. Vielleicht hätten wir uns hinunter zum Bach stehlen können, um dort ein Lagerfeuer zu machen. Ich weiß es nicht.

Fest steht: Abends war ich daheim. Eingesperrt fühlte ich mich trotzdem nicht. Zumindest nicht als Kind. Das kam erst später.

Leben auf dem Bauernhof

Auf einem Bauernhof aufzuwachsen, relativ weit weg vom Geschehen in der Gemeinde, hatte als Kind gewaltige Vorteile: Der Hof, die Viehställe, der Wald und die Felder waren ein riesiger Spielplatz. Herumtoben, erforschen und Fangen spielen: Es war einfach genial. Ich hatte zwar keine Ahnung davon, welchen Blockbuster es gerade im Kino spielte – das erste Mal war ich mit sieben Jahren im Kino. Und ich kannte keine Fast-Food-Restaurants wie *McDonald's*: Dort war ich das erste Mal mit zwölf Jahren. So etwas gab es bei uns eben nicht, dafür bekam ich mit sieben Jahren schon mein erstes Moped, als andere vielleicht gerade erst Radfahren lernten.

Auch Schlechtwetter minderte unsere Laune keineswegs: Alle Türen im ersten Stock des Vierkanthofes wurden geöffnet – eine durchgängige Indoorlaufarena war eröffnet. Ich kann mich an das Gefühl erinnern, mit Socken auf dem blanken Holz dahinzugleiten. Mehr als einmal rutschten wir auf der alten Treppe aus und polterten hinunter. Auch das gehörte zum Aufwachsen dazu.

Im Spielzimmer

Im Erdgeschoss hatten meine Eltern für meinen Bruder Robert und mich ein Spielzimmer eingerichtet: gelbbrauner Spannteppich im Wohnstil der 1970er-Jahre, ein großer Kasten, eine große Polstergarnitur zum Springen, Turnen und Polsterschlachtmachen – und natürlich Lego. Das war unsere große Leidenschaft. Mein Bruder baute extrem viel mit den bunten Plastiksteinen, er nahm immer wieder an Lego-Technic-Wettbewerben teil und belegte einmal sogar den dritten Platz in einer Landesmeisterschaft.

Im Winter bauten wir die Eisenbahn auf. Und natürlich schlug damals schon meine Begeisterung für Autos durch: Modellautos, dann funkgesteuerte Autos, irgendwann Computer. Als ich sieben Jahre alt war, »erbte« ich von meinem Bruder den alten Commodore 64 – mein erster Zugang in die digitale Welt. Immerhin war das Gerät mit 5,25-Zoll-Floppy-Disc ausgestattet und nicht mehr mit einem Kassettendeck.

Baderituale

Es ist nur ein Detail aus meiner Kindheit, sollte mich aber ein Leben lang prägen: unsere Baderituale. Wir hatten zwar eine Dusche, aber die wurde nicht verwendet. Stattdessen saßen wir immer in der Wanne, und das abendliche Waschen geriet regelmäßig zur Zeremonie. Meistens badeten wir Buben gemeinsam, und nach dem Baden hob uns die Mutter auf die Wickelkommode. Selbst als wir längst »stubenrein« waren, saßen wir noch dort unter dem Heizstrahler, wurden abgetrocknet, gehätschelt und geföhnt. Es war Entspannungs- und Familienzeit und gehört zu den besten Momenten aus meiner Kindheit.

Mir ist aus dieser Zeit ein – wenn man so will – »Tick« geblieben. Ich liebe das Baden nämlich auch heute noch. Wenn ich ein Hotel buche, achte ich darauf, dass es dort eine Wanne gibt. Dusche allein will ich nicht. Und wenn ich mich auf etwas vorbereite, wenn ich abschalten will oder einfach Zeit zum Nachdenken brauche, dann gelingt mir das am besten beim Baden. Am Vorabend einer großen Präsentation, früher auch vor einem Fußballspiel, gehe ich in der Badewanne die Aufgabe durch als mentale Vorbereitung. So kann ich mich entspannen und mich ungestört mit dem Thema befassen. Das macht mich ruhiger – und glücklich.

Auch der Heizstrahler aus unserem Spielzimmer zeitigt bis heute Nachwirkungen: Ich liebe es, meine Füße vom Heizstrahler wärmen zu lassen. Wenn ich reise, habe ich einen Föhn dabei. Warum? Um mir die Füße zu föhnen! Dieser kleine Ausflug in die Kindheit verschafft mir Wohlgefühl. Egal wo in der Welt. Innerhalb von Sekunden. Nach einer halben Stunde Füßewärmen geht es mir gut. Egal wie anstrengend der Tag gewesen sein mag.

Jeder, der einmal mit mir gereist ist, weiß, dass sich ein Föhn eigentlich immer in meinem Gepäck befindet. Jeder, der einmal mit mir im Zimmer gelegen hat, dreht zu irgendeinem Zeitpunkt durch, weil es ihm zu laut wird.

Kinderpartys

Es war zwar nicht möglich, einmal zum Nachbarn rüberzugehen, die meisten meiner Schulkolleginnen und -kollegen lebten dazu zu weit weg, das kompensierten meine Eltern jedoch mit den großen Geburtstagsfeiern und Festen, die bei uns am Hof regelmäßig stattfanden. Zu meinem Geburtstag im Januar kamen ein Dutzend Kinder oder mehr. Platz für derartige Events hatten wir ja genug, und mein Bruder Robert und ich luden immer gerne Gäste ein.

Der Bauernhof war einmal dafür ausgelegt, nicht nur eine große Familie zu beherbergen, sondern auch das landwirtschaftliche Personal: Mägde, Erntehelfer und Facharbeiter. Zur Erntezeit wohnten früher ein halbes Dutzend Personen hier, erzählt mein Opa. Dementsprechend viele Zimmer gab es.

Leben in der Küche

Das Herz des Hauses damals wie heute ist die Küche. Hier spielte sich das familiäre Leben ab. Während die Mutter kochte, lümmelten wir Kinder auf dem Sofa gleich beim Kachelofen. Hier machten wir unsere Hausübungen, hier fanden die Unterhaltungen statt, hier übte unsere Mutter mit mir Diktate. Für unseren schulischen Erfolg war allein sie zuständig. Mein Vater sah das viel entspannter. Dem waren unsere Noten völlig egal. Von dem hieß es zum Thema Schule immer: »Du machst das schon!« Und damit war das für ihn abgehandelt.

Die Mutter war da ganz anders. Während mein Vater immer schon ein wenig chaotisch war und dazu sehr lebenslustig – es kam nicht selten vor, dass er zu Mittag zu Hause sein sollte, aber dann erst irgendwann am Nachmittag eintrudelte, weil er sich mit seinen Freunden über einem Bier verplaudert hatte (vor allem sonntags nach dem Frühschoppen) –, war meine Mutter stets sehr sorgsam und zuverlässig. Bis heute kümmert sie sich um alles: das Frühstück, die Wäsche, den Haushalt … Sie weiß, wo alle Dokumente, wo alle Rechnungen sind. Sie hat mindestens für drei Menschen gearbeitet. Pausenlos. Heute versuche ich, sie da ein bisschen rauszureißen. In einem Haus wie unserem hört die Arbeit ja niemals auf. Ich versuche ihr dann zu sagen: »Das geht einfach nicht. Du kannst nicht viermal im Jahr 84 Fenster putzen.«

Aber zurück in die Stube: Auch der Fernseher stand hier in einem Eck auf der Anrichte. Vielleicht der Höhepunkt einer jeden Woche war das Schnitzelessen am Sonntag, immer nach dem obligatorischen Gang in die Kirche. (Ein Fixpunkt, der mir weit weniger zusagte.) Wiener Schnitzel gab es 52-mal im Jahr. Die ersten 20 Jahre meines Lebens war das so. Und wahrscheinlich könnte ich das die nächsten 50 Jahre auch so machen.

In mancher Hinsicht halte ich gerne an Gewohnheiten fest. Gerade beim Essen! Was ich in meinem Leben Schinken-Käse-Toast gegessen habe! Nicht nur als Kind, sondern auch später als Student während der Gründungsphase von Runtastic oder auch heute noch. Aus rationaler Sicht ergibt das durchaus Sinn: einmal weil es schnell geht. Außerdem: Mit den richtigen Zutaten – viel Schinken, Magerkäse, Vollkornbrot – passt das auch zu meinen Ernährungsvorstellungen. Ich bin da vielleicht nicht sehr wählerisch veranlagt. Anderen mag es zu banal sein, ich kann jahrelang das Gleiche essen.

Interview mit Florians Eltern

Ist Florian mehr nach dem Papa oder nach der Mama geraten?
Papa: In der Schule zum Glück mehr nach der Mama. *(lacht)* Und sonst mehr nach dem Papa.

Was heißt das?
Papa: Dass Florian und ich ein bisschen schlampig sind beim Zusammenräumen. Die Mama ist sehr ordnungsliebend, Florian und ich nehmen es da nicht so genau.

Wie war Florian als Bub?

Papa: Er ist ein lustiges, aufgewecktes Kind gewesen, hochinteressiert, sehr mutig und draufgängerisch beim Radfahren und mit dem Moped. Er hat vor nichts Angst gehabt.

Mama: Ehrgeizig war Florian schon immer, und wenn er etwas wollte, dann hat er nicht nachgegeben. Egal ob es um ein Spielzeug ging oder ein Kleidungsstück. Gerade auf Kleidung hat er als Kind sehr viel Wert gelegt. Seine Geschwister überhaupt nicht, denen war vollkommen egal, was sie getragen haben. Er war da anders.

Papa: Das stimmt schon. Bei uns war es üblich, dass der Kleinere das Gewand vom Großen angezogen hat. Das wollte Florian aber gar nicht. Er wollte immer modern sein und immer das Neuste. Jetzt war es nicht so, dass wir ihm zerschlissene Jeans zum Anziehen gegeben hätten, aber eben nichts Extravagantes. Dass man immer das Neuste haben muss, hat nicht unbedingt unserer Vorstellung entsprochen, aber das war seine Leidenschaft.

Mama: Einmal – kann ich mich erinnern – hat er sich ein Paar Sportschuhe eingebildet, die wollte er unbedingt. Ich glaube, die haben damals über 1.200 Schilling gekostet. Mein Mann hat gesagt: »Kommt überhaupt nicht infrage, so teure Schuhe.« Florian hat dann mich wochen-, wenn nicht monatelang bearbeitet. Und ich war dann diejenige, die sie ihm doch gekauft hat. Wir sind zum Intersport nach Amstetten gefahren. Wir haben das meinem Mann nie gesagt. Also schon, aber dass sie wesentlich billiger waren. Sogar das Preispickerl haben wir umgeklebt. Mein Mann hat dann trotzdem noch geschimpft.

Papa: Geld verschwenden wollte ich nicht. Die Kinder haben ohnehin viele Spielsachen gehabt, Räder und Ski. Aber ich habe gefunden, es muss nicht immer das Allerneuste sein.

Und bei der Mode hat es große Auffassungsunterschiede gegeben?
Mama: Wie er älter war, ist er einmal mit ganz blonden Haaren heimgekommen. Da war wieder große Aufregung. Und als er gesagt hat, er hätte gern ein Flinserl/Piercing, hat mein Mann wieder gesagt: »Kommt überhaupt nicht infrage.« Dann ist Florian einmal heimgekommen und hat beim Mittagessen das Kapperl aufgelassen. Wir sind dann drauf gekommen, er hat sich das Piercing in die Augenbraue stechen lassen. Mein Mann ist daraufhin … Na, frage nicht.

Wie hat die Kinderbetreuung ausgesehen?
Mama: Ich habe ja in diesen Hof geheiratet. Mein Elternhaus ist drei Kilometer entfernt. Als Florian und Robert noch klein waren, haben uns die Großeltern sehr viel geholfen. Wenn wir über Nacht fort waren, oder auch spontan, wenn der Fleischhacker oder der Mähdrescher gekommen sind, haben wir sie zu den Großeltern rübergebracht. Das war sehr praktisch. Die Buben sind sieben Jahre auseinander. So hat der ältere Sohn oft auf den Florian geschaut, wenn ich in den Stall gegangen bin.

Papa: Auf dem Bauernhof ist es so, dass man die Kinder viel zur Arbeit mitnimmt. Er ist oft mit mir im Traktor mitgefahren. Dadurch war er ein Naturmensch. Er war auch immer gern draußen.

Ursprünglich sollte Florian den Hof übernehmen. Wie war es für Sie, als es dann anders gekommen ist?

Papa: Nicht unbedingt angenehm, weil wir fix damit gerechnet haben, dass er den Betrieb weiterführen wird.

Mama: Deswegen haben wir ihn ja auch nach Wieselburg ins Internat gegeben. Aber je länger er ins Francisco Josephinum gegangen ist, desto weniger hat es ihn interessiert. Irgendwann ist er an einem Samstag mittags heimgekommen und hat gesagt, die Landwirtschaft sei nichts für ihn.

Papa: Wir haben am Anfang schon gesagt, dass er weitermachen soll. Er war ja als Nachfolger vorgesehen. Aber es war auch irgendwann klar, dass die Landwirtschaft nicht mehr so zukunftsträchtig war. Es ist viel Arbeit, und man muss viel investieren. Alles wird immer härter. Als er dann nach Hagenberg studieren gegangen ist, hat er bald gut verdient.

Wie haben Sie die Unternehmensgründung von Runtastic erlebt?

Mama: Ich kann mich gut daran erinnern, wie die vier im ehemaligen Spielzimmer gesessen sind und getüftelt haben. Manchmal habe ich ihnen einen Kaffee gebracht. Wir haben damals alle nicht verstanden, was sie da wirklich machen. Irgendetwas, das man in die Schuhe hineingibt. *(lacht)* So richtig verstanden haben wir das erst viel später.

Papa: Für mich war die Firmengründung eine komplette Überraschung. Dass es dann noch so steil bergauf gegangen ist, war unglaublich.

Mama: Als er erzählt hat, dass er seinen Job aufgeben will, um sich selbstständig zu machen, war das für mich ein Schock. Gerade erst hatte er den neuen Job bekommen – mit Firmenauto und allem. Ich war am Anfang skeptisch, aber er hat sich nicht beirren lassen.

Wie haben Freunde und Bekannte auf den Erfolg reagiert?
Papa: Ganz Strengberg hat davon gesprochen. Wir waren natürlich überglücklich.

Mama: Mit seinem Durchbruch war eine Riesenfreude da. Wir waren sehr stolz, haben gefeiert. Alle haben sich gefreut. Auch die Nachbarn. Natürlich gibt es immer auch Neider, aber ich sage jedem: Jeder von euch kann das auch schaffen. Florian hat keinen speziellen Hintergrund. Keiner hat ihm dabei geholfen. Er hat sich das ganz allein aufgebaut.

Was hat sich geändert, seit Florian so viel Erfolg hat?
Papa: Dass wir herumgekommen sind und Reisen gemacht haben! Florian hat uns nach New York, Los Angeles, Las Vegas und Paris eingeladen.

Mama: Solange wir noch auf dem Hof gearbeitet haben, sind wir eigentlich nie auf Urlaub gefahren. Ein einziges Mal haben wir eine Woche auf der Insel Krk verbracht. Ein Arzt hat damals gesagt, dass Florian ans Meer fahren soll, weil er dauernd Bronchitis hatte. Wir sind dann zu viert, mit Florian und seiner Schwester Katrin, mit dem Auto runtergefahren. Es war von Anfang an ein riesiger Stress: Das Wetter war entsetzlich, es hat dauernd geregnet. Und am Tag der Abreise haben wir noch den Raps zum Dreschen gehabt. Den muss man sofort dreschen, den kann man nicht liegen lassen. Deshalb hat Herbert bis 21 Uhr gedroschen. Ich bin danach noch mit einer Fuhre zum Speicher gefahren. Um 22 Uhr sind wir endlich in den Urlaub gestartet. Das ist in der Landwirtschaft eben so. Da kommst du nicht raus. Das hat sich inzwischen geändert: Florian schaut sich jetzt die ganze Welt an – und wir manches Mal mit ihm.

Arbeiten auf dem Bauernhof

Die Arbeit auf den Feldern und im Wald interessierte mich. Schon als Vierjähriger saß ich neben meinem Vater auf dem Traktor und begleitete ihn hinaus auf die Felder und in den Wald. Unser Hund Palto – ein großer Münsterländer – lief neben uns her. Ich erinnere mich gut an die Ausfahrten zeitig in der Früh. Mein Vater Herbert ist ein passionierter Jäger. Wer unseren Hof betritt, dem fallen im Vorzimmer als Erstes die Geweihe und Trophäen auf, die mein Vater von seinen Jagden zurückgebracht hat.

Wenn wir über die Felder tuckerten, sahen wir Hasen und Rehwild oder zumindest deren Spuren und Losung. Mein Vater kann besser mit Kindern umgehen als jeder andere Mensch, den ich kenne. Er hatte unglaublichen Spaß daran, mir jede Pflanze und jedes Tier zu erklären. Wir hatten eine richtig gute Zeit miteinander.

Hin und wieder durfte ich den Traktor lenken. Je älter ich wurde, desto häufiger. Mit sieben oder acht Jahren war ich dann schon allein damit unterwegs: »Geh, Florian, stell den Traktor schnell um!«, rief mein Vater aus der Küche, während ich noch draußen im Hof war. Ich habe früh begonnen mitzuhelfen. Das war in meiner Familie selbstverständlich.

Der Alltag auf dem Bauernhof machte mir zwar Spaß. Im Sommer konnte das alles aber auch ganz schön mühsam sein. Wenn die anderen Schüler während der Ferien im Schwimmbad saßen oder auf Urlaub fuhren, blieb unsere Familie auf dem Hof. Ein einziges Mal sind wir eine Woche auf Sommerurlaub gefahren. Gerade im Sommer war nämlich viel zu tun. Ich stand dann auf dem Acker und klaubte Steine, damit die Maschinen keinen Schaden nahmen, oder half bei der Ernte. Das waren die Schattenseiten.

Technisches Verständnis

Ich glaube, dass ich mir mein grundsätzliches technisches Verständnis in meiner Kindheit auf dem Hof angeeignet habe. Die Maschinen faszinierten mich. Ich lernte den Umgang mit allen erdenklichen Gerätschaften. Ich sah meinem Vater beim Schrauben an den Traktoren und beim Schweißen zu. Mit 16 Jahren machte ich bereits den Traktorführerschein und dann mit 18 den Lkw-Führerschein.

Fast jeder Tag in einer Landwirtschaft bedeutet auch eine neue technische Herausforderung. Nicht selten waren gefinkelte Lösungen und Hausverstand gefragt. Wer sich die Sachen nicht selbst reparieren kann, ist ständig auf teure Serviceleistungen angewiesen.

Mein Vater – ein begnadeter Reparierer, der für alles eine schnelle Lösung findet (die oftmals dann nicht ewig hält, aber jedenfalls fürs Erste das Problem löst) – sagte oft, dass man als Bauer alles können müsste. Wahrscheinlich hat er recht damit. Es gibt kaum etwas, das ein Bauer nicht selbst reparieren kann. Man muss ein universelles Verständnis entwickeln für die verschiedensten Bereiche. Man muss die Natur verstehen, den Boden, das Wetter, Tiere und Schädlinge. Man muss eine gewisse Ahnung von Chemikalien haben. Man braucht Verständnis für Maschinen, für Gebäude – und Geschicklichkeit.

Und zu guter Letzt – vielleicht ist das das Wichtigste – ist jeder Landwirt ein Unternehmer. Er muss rechnen und seine Buchhaltung führen können. Das bewirkt ein eigenes, ein wirtschaftliches

Denken. Ein eigensinniges Denken vielleicht. Aber wenn ich mir überlege, was mir meine Eltern mitgegeben haben, dann ist es wahrscheinlich das.

Es gibt auch einen Aspekt, mit dem ich heute weniger anfangen kann. Wenn mein Vater zum Beispiel einen Handwerker beauftragen musste, war für ihn klar, dass es einer aus Strengberg sein würde. Das war für ihn wie eine moralische Pflicht. Ich denke da anders. Ich hole drei Angebote ein und wähle den, der das beste Angebot legt. Nur weil ich wo wohne, bin ich nicht verpflichtet, zu meinem eigenen Nachteil zu wirtschaften. Aber das ist ein Thema, bei dem die Leute heute anders denken als früher.

Mopeds und Kfz

Mehr noch als die landwirtschaftlichen Maschinen interessierten mich irgendwann Autos und Motorräder. Und natürlich vor allem mein erstes eigenes Mofa, eine Stangel-Puch MS 50 (Maurersachs). Diese hatte meine Mutter von ihrem Vater bekommen, der damals schon damit zur Arbeit gefahren war. Mein Papa baute dann den Sitz so um, dass ich damit fahren konnte, weil ich mit sieben Jahren mit den Füßen den Boden noch nicht erreichte.

Später kamen viele weitere Mopeds hinzu. Mein Vater fuhr damals mit mir auf den Schrottplatz Amstetten. Dort nahmen wir drei oder vier Mopedwracks in Teilen mit. Aus ihnen bauten wir dann meine erste Maschine, eine MS Cross 50, zusammen. Ich richtete sie dann selbst her und tunte sie natürlich, sodass sie wesentlich schneller ging als erlaubt. Man sollte das wahrscheinlich nicht schreiben, aber schon mit sieben Jahren fuhr ich zusammen mit den Nachbarsbuben damit durch die Gegend. Die Gegend hier ist ideal, um sich als Motocrossfahrer zu erproben. Wir holperten auf den kleinen Maschinen über Feldwege und Äcker. Zum

Glück verirrten sich Gendarmen selten auf die Schleichwege abseits der Landes- und Bundesstraßen.

Wie ich zum Sport kam

Zum Fußballspielen kam ich durch meinen damals besten Freund Jürgen, der zwei Häuser weiter wohnte. Schon dessen älterer Bruder Jochen hatte für den FCU Strengberg gekickt. Die beiden nahmen mich dann im Alter von sieben Jahren zu meinem ersten Fußballtraining mit. Das machte mir von Anfang an ungeheuren Spaß, sodass Fußball eine Zeit lang für mich fast zum Lebensmittelpunkt wurde.

Unser Trainer Walter ließ mich – das machte man damals noch so – von links auf rechts umlernen, was das Schießen anging – und stellte mich gleich auf die Position, auf der ich dann meine ganze Fußballerlaufbahn über blieb: linker Verteidiger.

Bis zum Alter von 17 Jahren war ich im Team. Seither halte ich viel vom Mannschaftssport. Man lernt dort soziale Kompetenz und als Team zu arbeiten. Ich war damals eher bei den Kleineren. Dennoch setzte mich der Trainer häufig bei den U-14-Spielen – also bei den Spielen mit einem Alterslimit von 14 Jahren – ein, obwohl ich eigentlich als noch nicht einmal Elfjähriger bei den U-11-Spielen hätte spielen können. Meine Gegner bei den U-14-Matches waren drei Jahre älter als ich und mir natürlich körperlich überlegen. Ich hatte jedoch keine Angst vor jemandem, der einen Kopf größer war.

Ich war zwar nicht der Geschickteste am Ball – das bin ich bis heute nicht –, aber ich war antrittsschnell, flott auf der Außenbahn und konnte gut verteidigen. Die Kraft per se ist beim Fußball ja egal, Agilität und Mut machen viel aus. Ich hatte auch Freude daran, mir Respekt zu verschaffen. Aus der Underdogposition für eine Überraschung zu sorgen, das gefiel mir. Zwar bin ich nicht unbedingt brutal aufs Feld gegangen, jedoch trat ich schon hin, wenn es darauf ankam.

Dass ich unterschätzt wurde, ist mir natürlich später auch bei Runtastic immer wieder begegnet. Ich weiß nicht, wie viele Neins ich mir anhören musste und wie oft auch gute Leute sagten, dass bei unserem Projekt nichts herauskommen könne. Aber dazu später mehr …

Pubertät und Widerstand

Ich war sicher nicht das bravste Kind, sondern immer etwas wild und eigensinnig. Immer etwas grenzwertig. Nicht in dem Sinn, dass ich kriminelle Sachen oder kompletten Blödsinn gemacht hätte, aber tendenziell war ich doch eher bei den Schlimmen dabei.

In der Pubertät wurde das dann natürlich extremer. Oft denke ich mir, dass das für junge Männer die gefährlichste Zeit ist. In diesem Alter hat man keine Angst, man denkt, man sei unsterblich. Ich kann mich nicht einmal mehr daran erinnern, wie oft ich mit dem Moped gestürzt bin. Passiert ist – zum Glück – nie etwas.

Wahrscheinlich etwa im Alter von 13 Jahren wurden mir Strengberg, das Leben auf dem Hof und das Drumherum langsam zu eng. Damals verschoben sich die Prioritäten einfach. Mädels, rausgehen, andere junge Leute treffen – das wurde plötzlich wichtig. Stattdessen saß ich – gefühlt – allein auf dem Bauernhof herum. Handys gab es damals keine. Die eisernen Gitterstäbe vor den Fenstern bekamen damals auch metaphorischen Charakter.

Das Arbeiten während der Ferien und nach der Schule wurde zusehends zur Belastung. Ich kann mich an einen besonders heißen Tag im Sommer erinnern – es muss Mitte August 1996 gewesen sein –, da stand wieder einmal Getreide ableeren auf dem Programm. Getreide abzuleeren bedeutete einen Erntetag. Mein Vater fuhr den ganzen Tag auf dem Mähdrescher – wir hatten damals einen uralten John Deere ohne Kabine vorne. Man selbst stand vorne und war nach einer halben Stunde schwarz vom Staub. Die Gerste juckte unheimlich auf der Haut. Was der Mähdrescher einbrachte, wurde dann direkt auf den Kipper geladen, der am Traktor hing. Mein Großvater, der uns früher bei den schweren Arbeiten meistens unterstützte, oder meine Mutter fuhren das Getreide in den Hof. Dort wurde alles in eine Förderschnecke gekippt, die das Getreide in den ersten Stock auf den Getreideboden hob. Über eine Holzrutsche landete das Getreide schließlich auf dem 100 Quadratmeter großen Boden.

Ich musste das Getreide mit einer Schaufel gleichmäßig im Speicher verteilen. Das war an sich schon eine mühsame Arbeit, vor allem jedoch im Hochsommer, wenn die Sonne auf das Dach brannte und sich die Temperatur im Getreideboden auf 40 Grad oder mehr aufheizte. Ich wusste, dass alle meine Freunde jetzt im Schwimmbad faulenzten und Spaß hatten, und die Arbeit interessierte mich überhaupt nicht. Das war der Moment, als ich – mit den Mitteln, die mir damals zur Verfügung standen – dagegen aufbegehrte. Ich erzählte meinen Eltern, dass ich das nicht mehr machen konnte, da ich gegen Staub allergisch sei und Husten bekäme. Entkommen gab es keines. Irgendwer musste ja schließlich die Arbeit machen. Ich ging daraufhin in meiner Winterjacke und mit meinem Vollvisierhelm auf den Speicher, was meinen Vater natürlich zur Weißglut trieb. Der wollte nicht verstehen, wie man so ein Theater aufführen konnte. Ich wollte ihm aber zeigen, dass ich es ernst meinte.

Lessons learned

Wenn ich heute an meine Kindheit zurückdenke, dann ist sie ein schöner Abschnitt meines Lebens. Es war eine Zeit, die mich Nähe zur Natur und Liebe zur Technik gelehrt hat. Sie hat mich in das Selbstverständnis eines Unternehmers hineinwachsen lassen. Die Herausforderung kam in der Pubertät, als sich viele der Vorteile, die ich als Kind auf dem Bauernhof genossen hatte, nicht mehr in der Form genießen ließen. Plötzlich bedeutete das Leben auf dem Bauernhof, das mir als Kind so viele Freiheiten ermöglicht hatte, eine Einschränkung. Natürlich war es auch eine Zeit des Grenzenauslotens, des Austestens, der Streitereien mit meinen Eltern ... Es war eine Zeit der Dummheiten und der verrückten Ideen. Die große Herausforderung sollte noch folgen.

INTERNAT: DER HÄRTERE WEG

Verzweifelt

Es ist Montag, der 7. September 1998, elf Uhr. Meine Mutter und mein Vater warten schon im Auto. Ich bin noch einmal zurück ins Haus gegangen, um meinen Schlüssel zu holen. Ich bin verzweifelt. Heute ist der Tag, an dem wir ins Internat fahren werden. Im Kofferraum des alten Mercedes 220D liegen mein Koffer und eine Sporttasche mit Kleidung, Schuhen und all den Toilettenartikeln. Meine Eltern werden mich ins Francisco Josephinum bringen.

Die höhere landwirtschaftliche Schule in Weinzierl, einem Ort innerhalb der niederösterreichischen Gemeinde Wieselburg-Land, bietet seit dem Jahr 1869 eine höhere landwirtschaftliche Grundausbildung. Seit dem Jahr 1934 ist die nach Kaiser Franz Joseph benannte Schule hier untergebracht. Rund 50 Minuten dauert die Autofahrt von Strengberg dorthin. Ich erinnere mich nicht mehr genau an jedes Detail, sicher bin ich mir jedoch, dass ich die ganze Fahrt über mit den Tränen gekämpft habe. Schon beim Hinfahren war mir klar: Ich will dort einfach nicht hin.

Ehrlich gesagt weiß ich gar nicht mehr, was ich als Kind für Berufswünsche hatte. Ich nehme an, es wird Rennfahrer gewesen sein oder so etwas Ähnliches. Die Maschinen auf dem Bauernhof haben mich fasziniert, wobei es stets mehr ein allgemeines Interesse an Technik überhaupt als an Landwirtschaft war. Ich bin gerne auf dem Traktor gesessen und war gerne im Wald unterwegs, um meinen Eltern bei den Forstarbeiten zu helfen, die Entscheidung für Wieselburg jedoch war die meiner Eltern. Ich sollte ja – das war der Plan – eines Tages den Hof übernehmen.

Wer übernimmt den Hof?

Mein um sieben Jahre älterer Bruder Robert war ebenfalls ein Jahr lang in Wieselburg in die Schule gegangen, hatte aber abgebrochen, um einen Lehrberuf zu erlernen. Zudem, fanden meine Eltern, hätte er nicht das passende Alter gehabt, um den Hof zu übernehmen. Meine Mutter war zum Zeitpunkt seiner Geburt erst 19 Jahre gewesen. In Roberts Zwanzigern wären meine Eltern noch voll im Berufsleben gestanden und hätten definitiv noch nicht an eine Hofübergabe gedacht.

Bei mir, der ich sieben Jahre jünger war, sah die Sache schon ganz anders aus. Umso mehr, als ich ja als Kind großes Interesse für die technischen Aspekte der Landwirtschaft gezeigt hatte.

Eigenartig ist lediglich, dass bei uns das Nachfolgethema nie offen angesprochen wurde. Ich glaube, es war für meine Eltern intuitiv einfach klar, so klar, dass sie offenbar gar keinen Grund sahen, meine Zukunft oder die Zukunft des Hofes mit mir zu besprechen.

Es mag eine Rolle spielen, dass mein Vater nie gut darin war, die wichtigen Sachen offen anzusprechen. So wundervoll er in vieler Hinsicht war – etwa wenn es darum ging, uns Kindern alles Mögliche zu erklären, oder er uns mit enormer Geduld und Vertrauen alles ausprobieren ließ –, die großen Fragen schwebten über den Dingen, wurden jedoch niemals direkt angesprochen. Ebenso wenig wie die großen wirtschaftlichen Investitionen übrigens: Sollen wir den Stall erneuern oder in einen neuen Traktor investieren? Sollen wir Ackerfläche dazunehmen? Die Viehwirtschaft ausbauen oder einstellen? So etwas wurde einfach nicht besprochen. Zumindest nicht mit uns Kindern.

Dasselbe galt für Fragen der Ausbildung. Zwar war es meinen Eltern sehr wichtig, dass wir eine gute Ausbildung bekamen, in eine gute Schule gingen und – wenn möglich – Matura (das Abitur) machten, aber ob es vielleicht Alternativen zu Wieselburg gegeben hätte, darüber hat sich mein Vater wohl ebenso wenig wie meine Mutter Gedanken gemacht.

Vorgegebene Entscheidungen

Vielleicht – so habe ich mir später gedacht – sind meine Eltern auch deshalb mit dem Schaffen oder dem Analysieren von Optionen so schlecht umgegangen, weil sie selbst in ihrem Leben kaum Optionen hatten. Für sie waren die großen Entscheidungen vorgegeben. Die Gschwandtners sind seit vielen Generationen Landwirte. Bei der Familie meiner Mutter war es ebenso. Für Jammern, Grübeln oder übertriebene Gefühlsduselei war in ihrem Leben kein Platz. Ich glaube nicht, dass ich die Frage »Wie geht es dir wirklich?« früher von meinen Eltern gehört hätte. Es wurde für das Wesentliche gesorgt. Der Rest war sehr viel Arbeit und Routine. Jemanden einfach so umarmen – das hat es nicht gegeben.

Erst viele Jahre später und wohl auch gezielt von mir forciert, fand dann das Besprechen und überhaupt das Ansprechen von Problemen und Konflikten Eingang in meine Familie. Da machten wir alle in der Verwandtschaft eine große Entwicklung durch. Heute ist vieles ganz anders, ich muss jedoch auch noch die Initiative ergreifen und klar sagen: »Kommt, wir bereden das jetzt! Es ist wichtig.«

Die landwirtschaftliche Fachschule

Die höhere landwirtschaftliche Fachschule in Wieselburg ist ein weitläufiger Komplex aus mehreren Gebäuden, umgeben von Feldern, die von der Schule zu Lehrzwecken bewirtschaftet werden. Im Zentrum des Areals steht das alte barockisierte Schloss (erbaut Ende des 16. Jahrhunderts), wo heute noch die Festsäle und Teile der Verwaltung untergebracht sind. Hier fand auch die Informationsveranstaltung am ersten Tag statt, bei der auch meine Eltern noch anwesend waren. Wenn man ins Schloss kommt, geht man durch den Hof und dann weiter nach links in den Festsaal, ich erinnere mich noch an den ersten Eindruck – alles war alt und irgendwie in die Jahre gekommen. Nach den Begrüßungsworten vom Direktor und von unserem Klassenvorstand David Lercher gingen wir gleich hinüber ins Internat, um die Zimmer zu beziehen.

Das Gebäude mit den Schlafsälen war damals noch ein gedrungener Bau aus den 1950er-Jahren und in extrem schlechtem Zustand. Gefühlt gab es dort für 200 Leute gerade einmal drei Duschen. Im Jahr 2004, zwei Jahre nach meiner Matura, wurde die Schule endlich vollständig renoviert. Nachdem die acht Klassen mit rund 730 Schülern zwei Jahre in Containern untergebracht waren, wurde im Jahr 2008 der Neubau fertiggestellt. All das war freilich noch Zukunftsmusik, als ich meinen ersten Schultag hatte.

Meine Mutter half mir im Zimmer – es war das hinterste im ersten Stock, das ich zusammen mit drei anderen Erstklässlern bewohnen würde – beim Auspacken. Ich bin von Natur aus kein schüchterner Mensch, kannte aus meinem Jahrgang damals jedoch nur einen einzigen Menschen, und den nicht besonders gut. Das war nicht einfach für mich.

Es war dann auch bald klar, dass im Internat eigene Gesetze galten. Jeder kennt die Klischees von den wilden Zuständen in Internaten. Es gibt genügend Filme, die in so einer Umgebung angesiedelt sind. Auch in Wieselburg stellten sich einige der Klischees als wahr heraus. Die Zweitklässler sekkierten die Neuen nach allen Regeln der Kunst, froh darüber, dass sie nun nicht mehr die Untersten in der Hackordnung waren. Da wurden Türen blockiert, Neulinge bedroht und eingeschüchtert, und es wurde ordentlich geschlagen.

Die Streiche waren mal mehr, mal weniger lustig und gingen natürlich stets auf Kosten der Jüngeren. Es war ein täglicher Überlebenskampf, in dem ich schnell dazulernen musste. Ich besorgte mir bald Zigaretten. Die waren eine gute Währung, um Schikanen abzumildern oder ihnen ganz zu entgehen.

Es interessiert mich nicht

Der Umgang miteinander im Internat war das eine. Das andere war die Ausrichtung der Schule. Der landwirtschaftliche Fokus war eben nicht meiner. Auch das unterschied mich von den meisten Schülern dort, mit denen ich nicht sehr viel gemeinsam hatte. Ich fühlte ich mich in Wieselburg so richtig fremd. Der Unterrichtsstoff interessierte mich kein bisschen: Das begann bei Bodenkunde, wo es darum ging, die lateinischen Namen der Pflanzen auswendig zu lernen und voneinander zu unterscheiden, und ging weiter bis zur Vererbungslehre beim Züchten von Vieh.

Hängten meine Kollegen Poster von Traktoren an die Wände über ihren Betten, waren es bei mir Golf GTIs. Ich wollte ausgehen, in die Disco, die anderen fuhren zu irgendwelchen Blasmusikkirchtagen. Es gab eine Handvoll Leute, mit denen ich mich irgendwann recht gut verstand. Aber mit dem Großteil war es schwierig, weil die Interessen ganz andere waren.

Was mir damals ebenfalls zu denken gab: Einige meiner Mitschüler waren die Kinder von reichen Großbauern. Die schwärmten von ihren Traktoren mit Klimaanlage und ihren CD-Wechslern. Mir fiel dazu unser alter Mähdrescher ein, auf dem mein schwitzender, vollständig eingestaubter Vater stand.

Es war klar, dass ein Lebensstil, wie ich ihn mir vorstellte, mit einer Landwirtschaft in der Größe der meiner Eltern nur schwer möglich sein würde. Mit 15 Jahren träumte ich von cooler Kleidung, wollte ein schnelles Auto fahren, keinen klapprigen Mercedes, wie ihn mein Vater schon seit Jahren fuhr. Finanzielle Unabhängigkeit, eine gewisse materielle Sicherheit und einen finanziellen

Spielraum wollte ich schon immer. Das Leben als Bauer passte zu diesen Träumen ganz und gar nicht.

Immerhin: Schummeln gelernt

In einem feindlichen Umfeld und einem Fachgebiet, das mich wenig interessierte, versteht sich fast von selbst, dass ich kein herausragend guter Schüler war. Wenn es allerdings eine Sache gibt, die ich in Wieselburg gelernt habe, dann ist es Schummeln.

Beim Erstellen von Schummelzetteln war ich äußerst erfinderisch. Ich verbrachte Stunden damit, die Prüfungsinhalte in winziger Schriftgröße auf Miniaturzettel zu übertragen. In der Schulzeit noch mit der Hand, später verfeinerte ich die Methode mithilfe der Technik: Computerausdrucke, Arial Narrow, Schriftgröße 3,5. So ließ sich eine ganze Menge Text auf einem kleinen Blatt Papier unterbringen. Mein größter Trick bestand in Schummelzetteln, die ich um einen dicken Kugelschreiber wickelte. So brachte man eine ganze A4-Seite voller Notizen auf einem Kugelschreiber unter. Teilweise hatte ich dann vier bis fünf auf diese Weise präparierte Stifte im Federmäppchen.

Nebeneffekt dieser Vorbereitungsarbeiten: Ich war durch das Verfassen der Hilfsmittel dann doch immer recht gut vorbereitet, und die Noten waren halbwegs in Ordnung.

Erwischt wurde ich übrigens in meiner ganzen Ausbildungszeit nur ein einziges Mal: Unser Obstbaulehrer »Ghostl« fand meinen Spickzettel und machte mich vor der ganzen Klasse zur Sau. Ich wurde zum Klassenvorstand zitiert, es gab einen Brief an die Eltern und dieses und jenes. Ich musste den Test natürlich nachholen. Vom Schummeln abgehalten haben mich diese Konsequenzen freilich nicht: Meine Tricks wurde lediglich ausgefeilter …

Im Clinch mit den Eltern

Ab Minute eins meiner Ankunft in Wieselburg freute ich mich nur noch aufs Heimfahren. Unterricht war bis Samstag zu Mittag. Gegen 13 Uhr war ich dann endlich wieder zu Hause. Schon wenn ich heimkam, hatte ich bloß noch Angst vor dem Zurückfahren-Müssen und konnte das Wochenende kaum genießen. Einmal abgesehen davon, dass die Wochenenden kurz waren: Montag, um sechs Uhr in der Früh, musste ich ja schon wieder ins Internat zurück.

Natürlich litt in dieser Zeit auch das Verhältnis zu meinen Eltern. Schon allein durch die physische Trennung während der Woche war die Beziehung nicht mehr so eng wie zuvor. Wir telefonierten vielleicht einmal in der Woche. Alles war irgendwie pragmatisch geworden, nicht sehr herzlich. Ganz anders übrigens als heute. Ich hätte gerne mit meinen Eltern besprochen, dass Wieselburg nichts für mich sei, aber es gab einfach kein offenes Ohr für derlei Überlegungen. Es war ihnen nicht zu vermitteln, dass ich dort einfach fehl am Platz war und wegwollte. Mein Vater spielte es herunter, wenn ich mit ihm reden wollte: »Aber geh, das wird dir schon gefallen«, sagte er dann. Mit meiner Mutter war es auch nicht viel besser.

Dazu kam: Ich wusste keine Alternative, saß in einer Zwickmühle fest. Ich konnte meinen Eltern keine andere, bessere Schule für mich nennen. Wir hatten uns im Vorfeld gar keine anderen Schulen angesehen, auch keine HTL, die – aus heutiger Sicht – wahrscheinlich die bessere Wahl gewesen wäre.

Nichtsdestotrotz möchte ich klarstellen, dass es sich bei Wieselburg um eine sehr gute Schule mit einer sehr breiten Ausbildung handelt, die sicher auch für mich eine solide Grundlage für alles Weitere gewesen ist. Ich war dort nur nicht gut aufgehoben und befand mich am falschen Ort. Menschen, denen es so ergeht wie mir damals, möchte ich ermutigen durchzuhalten: Die Möglichkeiten bleiben erhalten, selbst wenn man anfänglich vielleicht in der falschen Schule gelandet ist.

Es ist eine interessante Frage, wann meine Eltern letztlich realisierten, dass ich die Landwirtschaft nicht übernehmen würde. Vermutlich erst dann, als ich studieren ging. Bis dahin – glaube ich – hofften sie weiterhin, ich würde im letzten Moment umkehren und die Nachfolge antreten.

Die Loslösung vom elterlichen Plan ist letztlich nicht in einem einzigen Gewitter geschehen, sondern war ein längerer Prozess. An dessen Ende waren sich die Eltern dann einig: Ist ja eigentlich nichts Schlimmes, wenn der Bub studieren will. Während meiner Zeit in Wieselburg war diese Einsicht, war diese Versöhnung allerdings noch außer Sichtweite.

Streitthema Kleidung

Es ist vor diesem Hintergrund nicht verwunderlich, dass sich dieser Hauptkonflikt, der niemals offen ausgetragen wurde, auf Nebenschauplätze verlagerte. Ich weigerte mich, das Wildbret zu essen, das mein Vater jedes zweite Wochenende von seinen Jagden mitbrachte – keinen einzigen Bissen wollte ich davon, bis heute nicht. Ich kaufte zum Ärger meiner Eltern ein Mobiltelefon (Nokia 3110), das ich wochenlang vor ihnen verstecken musste. »Wozu brauchst du ein Handy«, schimpfte meine Mutter: »Kein Mensch braucht so etwas!«

Ich beschwerte mich über die Arbeit auf dem Hof und weigerte mich, überhaupt in den Stall zu gehen: »Da stinkt's mir zu viel bei den Tieren«, sagte ich dann. Meine Eltern stürzte das regelmäßig in eine regelrechte Sinnkrise: »Warum kann er nicht sein wie die anderen Kinder aus der Nachbarschaft?«

Wenn sich Streitereien mit meinen Eltern ergaben, dann am häufigsten aus diesem Grund: mein Kleidungsstil. Schon immer hatte ich ein Faible für »gutes Gewand« und gute Schuhe gehabt. Mode hat mich immer interessiert, und mein Geschmack damals war – wenn man so will – exzentrisch. Mein Vater konnte mein Interesse nicht nachvollziehen, tat es als Eitelkeit ab.

Dazu muss man wissen, dass es in einem kleinen ländlichen Ort wie Strengberg sehr konservativ zugeht. Wenn ich dann mit Plateauschuhen, Glockenhosen und – Gott behüte – in schrillen Farben auftauchte, irritierte das die Leute. Und für meine Eltern, speziell für meine Mutter, war die Wahrnehmung durch Nachbarn und die anderen Menschen im Ort immer wichtig gewesen. »Was sollen die Leute denken?«, war eine Frage, die ich oft zu hören bekam. Eine Frage, die mich wiederum recht wenig interessierte. Sich ausgeflippt anziehen oder hervorstechen – das war keine Qualität, die sich die Eltern gewünscht oder verstanden hätten.

Regelmäßig flammten die Streitereien auf. Meine Eltern sind gläubige Leute. Für sie gehörte der Kirchgang am Sonntag zum Leben dazu. Ich würde mich auch als gläubig bezeichnen, bete wohl auch sehr regelmäßig, aber in die Kirche zu gehen und mir die Predigt des Pfarrers anzuhören, hat mich als Teenager nur sehr mäßig interessiert. In meinen Teenagertagen hatten wir in der Früh regelmäßig ein hitziges Gespräch, das ungefähr so ablief:

Mama: »So kannst du nicht in die Kirche gehen. Wie schaust du denn wieder aus?«

Ich: »Dann gehe ich eben nicht in die Kirche.«

Mama: »Du gehst wohl in die Kirche.«

Leider gab es da kein Entkommen. Die Kompromisslösung sah meistens so aus, dass ich dann doch in der Kirche saß, aber schon am Samstagabend davor und mit Buffalos und Glockenhosen.

Ein ordentliches »Gfrast«

Wenn ich heute so zurückdenke, glaube ich, dass ich als Kind zum Teil eine ordentliches »Gfrast« (österreichisch für: schlimmes Kind) gewesen bin. Ich hatte schon damals keine Angst vor Konflikten. Im Gegenteil. Wenn ich mit einer Situation unzufrieden war, zettelte ich den Konflikt auch selbst an. Als Halbwüchsiger verfügte ich noch nicht über das Instrumentarium, einer Meinungsverschiedenheit auf den Grund zu gehen und sie so zu lösen. Wenn ich mich in einer schwächeren Position befand, mich nicht durchsetzen konnte, griff ich auf allerhand Listen und – wenn es sein musste – schmutzige Tricks zurück. Behandelte mich jemand ungerecht, setzte ich eben die Maßnahmen, die ich setzen konnte: Meinem Vater versteckte ich zum Beispiel immer wieder das Zielfernrohr fürs Jagdgewehr oder den Feldstecher. Meinem Bruder die Autoschlüssel oder das Display für sein Autoradio. Es ging dabei natürlich hauptsächlich um Macht. Ich war zwar körperlich unterlegen, zeigte ihnen (und wahrscheinlich auch mir) jedoch, dass auch ich gewisse Hebel hatte. Und: Die Umgebung spielte mir in die Hände. Im Haus war es nicht schwer, gute Verstecke zu finden …

Schutzpanzer

War das erste Jahr in der Landwirtschaftsschule Verzweiflung pur, legte ich mir in den Jahren danach einen gewissen Schutzpanzer zu. Die Lage besserte sich auch, als ich im dritten Jahr mit einem Schulkollegen eine Wohnung bezog und die versifften Schlafsäle hinter mir lassen konnte. In mir hatte sich inzwischen das Selbstverständnis gefestigt: Egal was ist. Egal ob es mir jetzt besonders gefällt oder nicht, ich ziehe das jetzt durch und mache die Matura. Und nachher mache ich, was ich wirklich will. Mit diesem Gefühl im Hinterkopf konnte ich die restliche Zeit in Wieselburg auf eine gewisse Art sogar noch genießen.

Ich war nun nicht mehr verzweifelt, sondern lebte in dem sicheren Bewusstsein, dort nicht hinzugehören. Folglich bemühte ich mich auch nicht sonderlich darum, angepasst oder besonders brav zu sein. Zwar hatte ich keine gröberen disziplinären Probleme und musste nie eine Klasse wiederholen – ein Jahr mehr dort zu verbringen, wäre nicht infrage gekommen –, ich war jedoch regelmäßig unter jenen zu finden, die etwa während der Sportwoche aus dem Zimmer kraxelten, um heimlich in die Disco zu gehen. Natürlich wurden wir dabei auch einmal erwischt, weil ein Kollege eingeschlafen war und den Fernseher zur Tarnung hatte laufen lassen – so laut, dass die Lehrer nachschauen kamen. Die Folge war dann ein verfrühtes Heimfahren vom Ossiacher See, und zwar auf eigene Kosten. Den Windsurfschein konnten wir so nicht mehr fertig machen, und einen ersten Schulverweis gab es auch. Ein weiterer – an dem ich in der Folge knapp vorbeischrammte – wäre mit einem Hinauswurf aus der Schule verbunden gewesen.

Jeden Donnerstag fuhren wir mit dem Bus in die Diskothek X-Large in Ybbs, die zu einem richtigen Fixpunkt in meinem Leben werden sollte. Hier trafen einander meine alten Freunde aus Strengberg – auch die »coolen« Klassenkollegen aus Wieselburg waren immer vor Ort. Die Attraktion an den Donnerstagen hieß: »Trink zwei, zahl eines.« Für 34 Schilling ließen sich auf diese Weise zwei große Spritzer erstehen. Die Folge: Am Freitag saßen alle X-Large-Besucher regelmäßig mit Kater in der Klasse – oder blieben gleich der Schule fern. Unsere Lehrer wunderten sich regelmäßig, dass an Freitagen immer so viele Leute Kopfweh hatten.

Praktikum in Deutschland

In der dritten Klasse in Wieselburg mussten wir ein Sommerpraktikum absolvieren. Man konnte sich entscheiden, ob man entweder zehn Wochen in Österreich auf einem Bauernhof einen richtigen Landwirtschaftsjob machen wollte oder ob man die Zeit im Ausland in einem Betrieb verbringen wollte und dabei richtig viel Geld verdienen. 100.000 Schilling und mehr sollten da drin sein, hieß es.

Man kann sich vielleicht vorstellen, wie groß mein Interesse war, den ganzen Tag über Kühe zu melken oder im Stall zu stehen. Ich musste also nicht lange überlegen, um die zweite Option zu wählen. Umso mehr, als ich damals vollkommen verrückt nach Autos war und es nicht erwarten konnte, mir endlich mein eigenes Gefährt leisten zu können.

Über ein spezielles Förderprogramm (Leonardo da Vinci) wurde ich dann zusammen mit zwei Kollegen an einen Saatgutbetrieb in Schleswig-Holstein im nördlichsten Teil Deutschlands vermittelt. Es war ein mittelgroßes Unternehmen, das dort Saatgut reinigte, beizte, abfüllte und verkaufte.

Man schrieb das Jahr 2002, ich war dort völlig alleine, meine Kollegen arbeiteten in irgendwelchen anderen Hallen, es gab kein Handy, und ich war mit zarten 16 Jahren zum ersten Mal im Ausland. Die Arbeiter hier waren gefühlte zwei Meter groß und sprachen in einem Dialekt, von dem ich kein einziges Wort verstand. Untergebracht waren wir in einem Haus gleich neben den Werkhallen, in die wir gleich nach unserer Ankunft geführt wurden. Als mich der Vorarbeiter fragte, ob ich Stapler fahren konnte, antwortete ich:»Nein, aber Traktoren, Lkw und alle Arten von Kraftfahrzeugen. Und ich lerne sehr schnell.« Obwohl ich keinen Staplerschein hatte, ließ er mich daraufhin Paletten mit Saatgut in der Halle umschichten. Am zweiten Tag in der Früh ging der Vorarbeiter dann mit mir in die Halle und führte mich zu der Stelle, an der ich am Vortag Paletten geschichtet hatte. Ohne irgendetwas zu sagen, hob er mich hoch und warf mich gegen das Tor. Er hat mir, um das auf gut Österreichisch auszudrücken, »richtig eine angerissen«. Ohne dass ich irgendeine Ahnung gehabt hätte, wie mir geschah.

Er zeigte mir, dass ich mit den Zinken des Gabelträgers 30 Säcke so angerissen hatte, dass dort das Saatgut herausgeronnen war. Ich hatte die Paletten zu weit nach hinten auf die Schaufelzinken genommen, sodass die Zinken auf der anderen Seite wieder rausgestanden waren. Der Vorarbeiter ließ mich dann händisch alles umschichten: 150 Säcke zu je 50 Kilo. »Und wenn du einen Unsinn machst, so wie am ersten Tag, dann kriegst du eine auf den Sender«, drohte er.

Beim Stemmen der Säcke hätte ich fast geheult, dachte mir jedoch: »Ich ziehe das jetzt eben durch. Aufgegeben wird nicht.« Dass ich dann ohne Murren meinen Fehler ausbesserte, verschaffte mir bei den Arbeitern Respekt. So war der Umgang in dem Betrieb dort.

14 Wochen lang, sechs oder sogar sieben Tage die Woche, jeweils 14 Stunden pro Tag schuftete ich dort, von sechs Uhr bis manchmal 22 Uhr abends. Ich hatte davor nicht gewusst, dass ich überhaupt so viel arbeiten konnte. Ich hätte mir auch nicht träumen lassen, dass ich mir je um 19 Uhr abends denken würde: »Ah, nur noch drei Stunden arbeiten.« Insgesamt gab es in dieser Zeit ganze fünf freie Tage.

Geld als Motivation

Ich wusste, dass ich jeden Abend um 19 Uhr bereits 1.000 Schilling verdient hatte. Als der Job am 30. September dann vorbei war, kam der Chef zu mir und sagte, dass wir in den letzten 14 Wochen einen unglaublich guten Job gemacht hätten, und gab uns in bar eine Prämie von 5.000 DM (umgerechnet: 2.500 Euro). Dass mit Extraleistungen Prämien in Verbindung standen, motivierte mich dann schon sehr.

Als mich meine Eltern von Deutschland abholten, gingen wir gleich am Nachhauseweg einkaufen: Ich erstand ein neues Mobiltelefon: ein Nokia 8210.

Lesson learned

Gerade das erste Jahr im Internat war eine sehr harte Zeit. Alles in Wieselburg war eine große Herausforderung für mich. Das Hinfahren, der Aufenthalt dort, die Behandlung seitens der älteren Schüler, dann die Inhalte des Lehrstoffes. Gerade am Anfang gab es überhaupt nichts, das mich gefreut hätte. Nicht nur der streng geregelte Alltag im Internat setzte mir zu, ich bekam insgesamt das Gefühl, mich am falschen Ort zu befinden. Während meine Kollegen immer tiefer in die landwirtschaftliche Materie eintauchten, wurde in mir der Wunsch von Tag zu Tag stärker, von hier wegzukommen, etwas ganz anderes zu machen.

Einzelne Episoden aus dieser Zeit in Erinnerung zu rufen, fällt mir gar nicht leicht. Viele Momente von damals wurden später Inhalt meiner Gespräche mit meinem Personal Coach. Ich empfinde das erste Jahr im Internat heute als das härteste in meinem Leben. Was sich in meinem Kopf festgesetzt hat, ist ein dumpfes Gefühl der Verzweiflung, ein Gefühl, an die eigenen Grenzen gelangt zu sein.

Waren die Jahre in Wieselburg also verlorene Jahre? Irgendwie schon, aber irgendwie auch wieder nicht. Inzwischen bin ich auch stolz darauf, dass ich durchgehalten habe. Die Lektion, die ich aus dieser Zeit mitnehme: Auch negative Erfahrungen schaffen Klarheit über die eigene Richtung. Im Nachhinein ist mir noch etwas bewusst geworden: Die Zeit in Wieselburg hat die Art und Weise geändert, wie ich mich Herausforderungen stelle. An sich ist es wahrscheinlich das Nächstliegende, den Weg des geringsten Widerstandes zu wählen. Seit ich die Schule in Wieselburg absolviert habe, hat sich mein Zugang diesbezüglich allerdings geändert: Ich wähle jetzt meistens absichtlich den schwierigeren Weg. Als hätte ich im Internat gelernt, dass man kämpfen und sich durchsetzen muss, damit am Ende etwas wirklich Gutes dabei herauskommt. Der beschwerlichere Weg, davon bin ich inzwischen überzeugt, ist mittelfristig oft der bessere.

An dem Tag, an dem ich mit dem Maturazeugnis aus dem Josephinum dastand, war mir plötzlich bewusst, dass ich sehr, sehr viel schaffen konnte. Darin liegt für mich die Qualität meiner Zeit in Wieselburg, auch wenn es mich fast gebrochen hätte. Später – mit diesem Wissen im Hinterkopf – ist alles viel einfacher geworden.

Nachsatz

Was meine Familie betrifft, war meine Erkenntnis vielleicht die, dass man ausbrechen muss, um frei wieder zurückkehren zu können. Heute verbinde ich mit meinem Elternhaus Heimat, Ruhe und Familie. Wenn ich jetzt auf dem Hof bin – und ich komme jedes zweite Wochenende –, gibt es für mich fast keinen schöneren Ort.

Mit meinen Eltern habe ich mich längst wieder versöhnt: Sie haben dann den Hof selbst noch viele Jahre weitergeführt – bis heute sind sie ja glücklicherweise topfit. Vor einigen Jahren haben sie dann die Viehwirtschaft aufgegeben. Jetzt haben wir Teile der Äcker verpachtet.

Zwischen meinen Eltern und mir »rennt immer der Schmäh«, wie man auf Österreichisch sagt: Auch wenn wir nicht immer einer Meinung sind, nehmen wir es mit Humor. Ich würde sagen, dass ich sie irgendwann als Jugendlicher verlieren musste, um sie als Erwachsener neu zu entdecken. Auf dem Hof, den ich vor einigen Jahren übernommen habe, ist es jetzt ruhig und angenehm. Hier ist der Ort, wo es nicht bloß ums Business geht. Ich hacke im Wald das Holz, und hinterher leg ich mich in die Sonne an unseren Pool. Oder ich setze mich in die Gartenlaube: Liegestuhl, ein Bier und die Musik voll aufgedreht! Da bist du ganz allein. Den ganzen Tag kommt keiner vorbei. Herrlich.

PS: Aber maximal einen halben Tag, dann muss ich wieder etwas unternehmen … Aktuell stellt sich gerade die Frage, ob wir zwei

Motocrossmaschinen oder einen Buggy erwerben wollen. Keine leichte Diskussion mit dem Papa, weil der Angst hat, dass die Motorengeräusche die Rehböcke aus seinem Revier verscheuchen könnten!

HAGENBERG: UNTER NERDS

»Herr Schaffer, ich weiß, ich bin nicht der am besten qualifizierte Bewerber, aber ich werde alles dafür tun, damit ich das Studium schaffe. Ich bin extrem ehrgeizig, und für mich ist *failure not an option*.«

So oder so ähnlich redete ich im Juni 2003 auf Christoph Schaffer ein. Der Studienleiter des neu geschaffenen Mobile-Computing-Lehrgangs in Hagenberg führte damals mit jedem Bewerber stundenlange Gespräche. Er wollte wirklich einen profunden Eindruck bekommen, wer seine künftigen Absolventen sein könnten.

Mit der Matura aus der Landwirtschaftsschule in der Tasche und nachdem ich schließlich auch das Bundesheer absolviert hatte, fühlte ich mich endlich frei, das zu tun, was mich wirklich interessierte, und die »Programmiererschmiede Hagenberg« hatte schon damals einen ausgezeichneten Ruf. Wer Hagenberg absolvierte, so ging damals das Gerücht, der hätte es geschafft. Die Ausbildung sei gewissermaßen eine Jobgarantie, hieß es damals.

Ich weiß heute nicht mehr genau, wann ich zum ersten Mal von der Fachhochschule hörte. Vielleicht war es nur ein Flyer, den mir jemand in die Hand gedrückt hatte. Fest steht: Hagenberg setzte sich in meinem Kopf als jener Ort fest, wo ich die Grundmauern für meine künftige Karriere legen konnte.

Ehrlicherweise muss ich zugeben, dass ich eigentlich viel zu wenig darüber wusste, was das Studium wirklich ausmachte und welche Inhalte dort vermittelt wurden. Die Studienrichtung Mobile Computing war damals brandneu. Ich wusste nur: Ich interessiere mich für Mobiltelefone, und ich interessiere mich für Computer und Technik. Auf diesen Grundlagen, vor allem aber aus einem

Bauchgefühl heraus, traf ich diese Entscheidung. Was ich dann an einem Tag der offenen Tür zu sehen bekam, bestätigte jedoch, dass ich mich nicht getäuscht hatte: ein moderner Campus nach US-amerikanischem Vorbild, gute Energie, motivierte Studenten und Lehrer. Das war ein Ort, an dem man sich weiterentwickeln und in kurzer Zeit sehr viel lernen konnte.

Mein Onkel Karl, der meine Entscheidung begrüßte, kaufte mir einen Sony Vaio als Arbeitsgerät. Damit – so dachte ich – wäre ich für alles gerüstet. Wie schlecht ich inhaltlich auf das äußerst anspruchsvolle Studium an der FH vorbereitet war, musste ich dann in den ersten Tagen meines Studiums mit ziemlicher Überraschung feststellen …

Lehrgangsleiter Schaffer jedenfalls muss unser erstes Gespräch zumindest so weit beeindruckt haben, dass er mir eine Chance geben wollte. Er akzeptierte den von mir zur Schau getragenen Ehrgeiz als Ersatz für meinen fehlenden technischen Background. Ich war offiziell zugelassen. Eine neue Tür war aufgegangen, und ich war felsenfest entschlossen durchzugehen.

Strebern statt Schummeln

Im September 2003 ging das Studium los. Wieder Internatsbetrieb, aber frei gewählt diesmal. Bald war mir klar: Diese Schule war härter, als ich es mir jemals hätte träumen lassen. Selbst mit den ausgefeiltesten Schummelmethoden würde ich diesmal nicht weiterkommen.

Die große Hürde in den ersten Semestern hieß: höhere Mathematik, Matrixrechnungen, Integralrechnung, analytische Geometrie. Mir rauchte der Kopf, wenn ich nur ins Lehrbuch blickte. Von all diesen Dingen hatte ich zuvor – wenn überhaupt – nur in Ansätzen gehört. Der Mathematikunterricht am Josephinum war nie so weit in die Tiefe gegangen. Viele meiner Kolleginnen und Kollegen hatten eine HTL absolviert, wo ein ganz anderer Fokus auf Mathematik gelegt wird als in einer landwirtschaftlichen Fachschule. Auch waren sie mir bei den absolvierten Praktika um ein gutes Stück voraus. Während ich an irgendeiner Baustelle Zementsäcke geschleppt oder in einer Lagerhalle Saatgut umgeschichtet hatte, hatten meine neuen Kollegen ihre ersten Erfahrungen als Programmierer in irgendwelchen Softwarefirmen gemacht. Sie hatten eine völlig andere Ausgangssituation als ich.

Es war fast, als müsste ich die gesamte HTL-Mathematik in wenigen Wochen nachholen. So anspruchsvoll waren die Aufgaben im ersten Semester. Um nicht vorschnell rauszufliegen, musste ich mir eine neue Direktive zulegen. Die hieß: Lernen bis zum Umfallen.

Interview mit Christoph Schaffer

Zur Person:

Christoph Schaffer ist Professor an der Fachhochschule Oberösterreich, Campus Hagenberg, und leitet dort das Department für Mobility & Energy. Er konzipierte unter anderem den FH-Studiengang Mobile Computing, der im Jahr 2003 zum ersten Mal stattfand und den Florian Gschwandtner, René Giretzlehner und Christian Kaar absolvierten.

Wie haben Sie Florian Gschwandtner als Student wahrgenommen?
An Florian ist aufgefallen, dass er immer sehr gut präsentiert hat. Schon in den Jahren während des Bachelorstudiums habe ich mir gedacht: »Der kann wahrscheinlich alles verkaufen.« Unter den vielen technikaffinen Studierenden in Hagenberg war das eine herausragende Gabe. Viele Techniker bei uns machen nämlich tolle Sachen, aber sie können die Qualität ihres Produktes oder ihrer Idee nicht so erklären, dass das

Publikum den Wert versteht. Für viele Techniker ist die Arbeit erledigt, wenn das technische Problem gelöst ist. In der Wirtschaftswelt beginnt die Arbeit dann freilich erst. Florian hat diesen Zusammenhang immer verstanden. Seine Präsentationen waren outstanding. Er ist ein sehr integrativer und offener Mensch. Solche Leute fallen auf.

Hat sich das Bild, das Sie von ihm hatten, über die Jahre gewandelt?

Es war weniger ein Wandel als eine kontinuierliche Entwicklung. Er hat seine Stärken weiter gestärkt. Immer darauf gesetzt dazuzulernen. Was ihn außerdem auszeichnet: dass er konsequent den eigenen Weg geht. Es gibt – gerade in der Gründungsphase – viele Neinsager: Leute, die ganz genau wissen, wie etwas leider nicht funktionieren kann. Es ist dann wichtig, dass man sich nicht verunsichern lässt, und auch, dass man sich nicht verzettelt. Und diese Konsequenz ist sicher Florian gutzuschreiben. Ich denke, er hat seine Zeit in Hagenberg bestmöglich genutzt, um sich zu sortieren und seine Stärken und Interessen zu finden.

Runtastic hat – wenn man so will – mit einem Projekt in Hagenberg begonnen: Erzählen Sie mir doch von den Anfängen …

Zu Beginn stand eine Anfrage seitens der Veranstalter der World Sailing Games: Die wollten wissen, ob unsere Studierenden vom Studiengang Mobile Computing nicht Interesse hätten, einmal die Segelboote bei den Rennen mittels GPS zu tracken. Schnell haben wir ein Studententeam gefunden, das sich mit der Erarbeitung von entsprechenden Lösungen auseinandersetzen wollte. Bald haben sich auch Kooperationen mit T-Mobile und Sony Ericsson ergeben. Ziel war das Schaffen einer 2-D- beziehungsweise 3-D-Visualisierung, damit auch die Zuschauer der Regatta etwas mitbekamen. Das Projekt war eine interessante technische Herausforderung, für die man brauchbare technische Lösungen finden musste. Und es war nicht zuletzt deshalb spannend, weil wir unter starkem Zeitdruck arbeiten mussten. Wir wussten: Wenn die Regatta startet, muss die Lösung fertig sein. Bei diesem Projekt waren René und Christian von Beginn an dabei, die später bei Runtastic im Gründerteam waren.

Wie sah die Unterstützung der FH für Runtastic in der Anfangszeit aus?

Wir haben sie so unterstützt, wie wir alle Start-ups unserer Studierenden und Absolventen unterstützen. Gerade zu Beginn, in der ersten schwierigen Phase, muss man den Leuten unter die Arme greifen, beraten und vernetzen. René und Christian wollten zu Beginn nicht gründen, weil sie sich das noch nicht zutrauten. Wir haben ihnen dann gesagt: »Wenn ihr euch nicht traut, beteiligen wir uns«, nur um zu zeigen, dass wir selbst an die Sache glaubten. Sie haben dann Florian und Alfred ins Team geholt. Florian, der ebenfalls Mobile Computing studiert hat, war von seiner Art her eigentlich ein typischer Gründer. Offen, kommunikativ, und er konnte Dinge gut verkaufen. Alfred wiederum hat die wirtschaftliche Kompetenz mitgebracht. Damit war das Gründerteam sehr gut aufgestellt, und sie haben dann doch selbst gegründet. Wir haben uns – blöderweise – nicht beteiligen müssen.

War für Sie von Anfang an klar, dass die Runtastic-Gründer eines Tages ein millionenschweres Start-up gründen würden?

Die kurze Antwort ist: nein. Die längere: Es ist so etwas immer schwer vorherzusagen, weil sehr viele Faktoren dabei eine

Rolle spielen. Das Team ist sehr wichtig. Dann braucht es verdammt viel Arbeit, Durchhaltevermögen und natürlich eine Riesenportion Glück. Wir sehen es eher andersrum: Wir versuchen, Leute auszubilden, ihre Stärken und Schwächen zu identifizieren und gezielt zu fördern. Der eine neigt vielleicht eher zum Gründer, der andere eher zum Wissenschaftler, und der Dritte ist vielleicht klassisch als Angestellter am besten aufgehoben. An der FH in Hagenberg kriegen wir das raus. Wir beschränken uns nicht auf eine gute technische Ausbildung unserer Studierenden. Wir schauen: Wer hat welches Potenzial? Wir können immer nur ein Katalysator sein. Ob einer unserer Absolventen dann erfolgreich wird oder nicht, hängt nicht nur von uns ab. Die Summe jener, die es irgendwie schaffen, zeigt uns aber, dass wir insgesamt durchaus richtig liegen. Runtastic ist ja nicht das einzige erfolgreiche Start-up, dessen Gründer durch unsere Ausbildung gegangen sind.

Welche gab es noch?
Bei Tractive – einem GPS-Tracker für Haustiere – besuchten alle drei Gründer die FH, und zwei davon absolvierten den Studiengang Mobile Computing. Es gibt Fretello, eine App zum Gitarre-spielen-Lernen, die Voting-App Swelly, die Zeitfindungs-App Butleroy oder die E-Sport-Wetten-Plattform Herosphere und viele mehr – es gibt eine ganze Reihe von Beispielen, die zeigen, dass unsere Absolventen gut vorbereitet sind auf das, was sie draußen erwartet. Natürlich gibt es niemals eine hundertprozentige Erfolgsgarantie.

Zum Erfolg von Runtastic gehörten auch die technischen Rahmenbedingungen, die zeitlich sehr gut gepasst haben. Oder?
Bis Smartphones mit GPS-Sensoren ausgestattet waren, war das Tracking technisch aufwendig. Selbst einfache Lösungen

in diesem Bereich waren, technisch gesehen, relativ komplex. Der Markt war dominiert von großen Unternehmungen wie Suunto oder Polar. Mit dem Erscheinen des iPhones und des App Stores ist plötzlich ein globaler Markt entstanden, an dem nicht mehr nur die großen Unternehmen teilnehmen konnten, sondern auch kleine Firmen aus der ganzen Welt. Bis dahin musste man über lokale Mobilfunkbetreiber gehen, aber damit blieb man zumeist auf lokale Märkte beschränkt. In den Anfangstagen war es für innovative Entwickler wie Runtastic nochmals einfacher, weil noch nicht so viele Anwendungen den Markt überschwemmt hatten.

Was ist Ihnen durch den Kopf gegangen, als Sie gehört haben, dass Runtastic gerade für 20 Millionen Euro (später auf 50+ Millionen angepasst) an Axel Springer, später für 200 Millionen an Adidas verkauft wurde?
Natürlich habe ich mich für die Burschen sehr gefreut. Und für uns an der Fachhochschule war es eine tolle Bestätigung. Wir haben 2003 den Studiengang ins Leben gerufen. Damals musste man jedem erklären, was Mobile Computing überhaupt sei. Die Leute waren skeptisch, dass unsere Absolventen mit so etwas jemals Geld verdienen könnten. Jeder hat gewusst, dass im Silicon Valley magische Dinge passieren. Aber in Oberösterreich? Eine Ausbildung zu konzipieren, die sich mit Zukunftsthemen befasst, ist ja nicht ohne Risiko. Wann beginnst du mit etwas? Ist es ein kurzlebiger Trend oder wird es die Zukunft bestimmen? Als wir die Entwicklung von Software unter Android ins Studium aufgenommen haben, war die Meinung zu Android in der Weltpresse: »Das wird nie etwas.« Momentan entwickeln wir gerade den Studiengang Automotive Computing, in dem sich die Studierenden mit dem Thema vernetztes Fahren beschäftigen werden. Wir versuchen, immer sehr weit vorne zu sein.

Was bedeutet die Runtastic-Story für die heimische Start-up-Szene?

Die Erfolgsgeschichte von Runtastic hat in Österreich wahnsinnig viel bewegt. Die Start-up-Szene hat sich damit sehr stark geändert. Zum Vorteil, aber auch zum Nachteil. Zum Vorteil, weil damit gezeigt wurde, dass alles möglich ist, auch in einer kleinen Stadt in Österreich und nicht nur irgendwo weit, weit weg. Zum Nachteil, weil jetzt jeder glaubt, es sei ganz einfach, viel Geld zu verdienen.

Was sind die Stärken von Hagenberg?

Ich glaube, eine unserer Stärken liegt – wenn man so will – im familiären Zusammenhalt. Wir befinden uns nicht in einer Großstadt, sondern sind eine klassische Campusuni, wo die Studierenden leben und arbeiten. Das halte ich für ganz wichtig für den Erfolg. Unsere Studenten sind deshalb so gut, weil dieser soziale Aspekt ganz stark unterstützt wird. Weil sie einander gegenseitig helfen, weil wir viel miteinander zusammensitzen und reden und weil es eine sehr individuelle Betreuung und Förderung gibt.

Haben Sie es im Nachhinein bereut, dass Sie in der Anfangszeit nicht bei Runtastic mit einer Beteiligung eingestiegen sind?

Das zu verleugnen, wäre falsch. Wer hätte nicht gerne Geld. Aber zum einen bin ich nicht so monetär getrieben, und zum anderen sehe ich es eben als Bestätigung für das, was wir in Hagenberg leisten. Wie gesagt: Ich vergönne es den Burschen.

Wie groß ist der Anteil der FH an Runtastic? Wie hoch ist Ihr Anteil am Erfolg?

Ich würde es so ausdrücken: Ohne die FH und ohne mich

würde es Runtastic wahrscheinlich nicht geben. Aber für ihren Erfolg sind die Burschen alleine selbst verantwortlich. Es braucht sehr viel Arbeit, Fleiß und Glück. Man muss sehr vieles richtig machen, damit so eine Erfolgsgeschichte möglich wird. Dass wir zu Beginn geholfen haben – klar –, das ist ja unsere Aufgabe.

Die Welt der Nerds

Befand ich mich in der Landwirtschaftsschule inmitten von Landwirten, tauchte ich in Hagenberg in die geheimnisvolle Welt der Computernerds ein. Während meine Freizeitgestaltung als damals 19-Jähriger aus Fortgehen, Fitness, lauter Musik und Am-Auto-Schrauben bestand, war ich nun von Menschen umgeben, die nach einem ganzen Tag Computerarbeit ihre Nacht mit Counter-Strike-Spielen verbrachten und sich dabei von Pizza und literweise Cola ernährten, die am Wochenende gar nicht nach Hause fahren wollten, weil die Netzwerkverbindung in der Schule schneller war, und deren Leben sich irgendwo zwischen Darknet und geheimen Waffen irgendwelcher World-of-Warcraft-Charaktere abspielte. Das soll jetzt nicht heißen, dass meine Kollegen damals nicht großartig gewesen wären. Nur die Interessenlage war damals einfach eine andere. Im Lauf des Studiums allerdings wuchsen wir alle zu einem Team zusammen.

Christian Kaar

In diesem Umfeld lernte ich auch meine späteren Runtastic-Partner René Giretzlehner und Christian Kaar kennen. Nur dass ich zu diesem Zeitpunkt natürlich noch keine Ahnung davon hatte, was da in Zukunft noch mit uns passieren würde. Nichts deutete darauf hin, dass wir später in eine Geschäftsbeziehung treten oder gar Freunde werden würden. Ehrlich gesagt deutete nichts darauf hin, dass sich zwischen uns überhaupt jemals eine Beziehung entwickeln könnte.

Zu Christian einen Zugang zu finden, war ein wenig einfacher. Wir wohnten im selben Internat. Sein Zimmer war drei, vier Zimmer neben meinem. Christian war immer gesellig, immer nett und hatte sich binnen kürzester Zeit in der Klasse den Ruf erarbeitet, ein mathematisches »Megabrain« zu sein. Auch mit seinem phänomenalen Gedächtnis beeindruckte er seine Umgebung. So wusste Christian damals alle Ski-Weltcup-Sieger seit 1980 auswendig. (Vermutlich kann er das immer noch.) Ein Kollege also, vor dem wir größten Respekt haben mussten, selbst wenn es uns anderen ein bisschen unheimlich war, was in seinem Gehirn vorging.

Was uns außerdem voneinander unterschied, war nicht nur Christians müheloser Umgang mit Mathematik, sondern sein ausgeprägter Sinn für Ordnung und Effizienz. Sein Zimmer erinnerte mehr an eine Mönchsklause als an ein Zimmer in einer Studenten-WG. Sein Schreibtisch war – abgesehen von seinem Laptop – vollkommen leer. Auf seinem Nachtkästchen lagen drei Bücher, und zwar parallel zu den Kanten der Tischplatte. Nirgendwo an der Wand hing ein Bild. Keine Kunst, nichts Persönliches. Das Ein- und Ausräumen seiner gesamten Habseligkeiten muss – wenn es hochkommt – zehn Minuten gedauert haben. (Seinen Einrichtungsstil hat Christian übrigens bis heute nicht verändert. In seiner neuen Wohnung hängt noch immer kein einziges Bild an der Wand, aber ich gebe die Hoffnung nicht auf, beziehungsweise bin ich überzeugt davon, dass seine Freundin da einiges dazu beitragen wird.)

Ich kann mich gut an einen Abend im ersten Semester in Hagenberg erinnern. Zusammen mit drei anderen hatten wir eine

Lerngruppe gebildet und tüftelten an Integralrechnungen bis spät in die Nacht. Wir bereiteten uns damals auf eine der »Killerklausuren« vor, mit denen man an der FH Hagenberg versuchte, möglichst früh die Spreu vom Weizen zu trennen. Wer bei einer dieser Klausuren durchfiel, hatte noch eine zweite Chance. Dann hieß es: Koffer packen und heim.

Eines der Beispiele im Übungsbuch wollte uns nicht und nicht gelingen. Vierzehn Ableitungen führten wir durch, bis wir zu einem Ergebnis kamen, das einigermaßen dem im Lösungsheft ähnelte. Und selbst das wirkte immer noch etwas seltsam. Irgendwann gaben wir auf und beschlossen, Christian um Hilfe zu bitten.

Wir gingen hinüber in sein Zimmer, wo er gerade Ski Challenge auf seinem Laptop spielte. Vorbereiten auf die Klausur am nächsten Tag musste er sich nicht beziehungsweise nur bedingt. Christian sah sich unseren Zettel an, nahm einen Bleistift zur Hand und machte drei Ableitungen. Ein paar Zwischenschritte übersprang er einfach, die rechnete er im Kopf. Gerade einmal zwei Minuten brauchte er, woran fünf andere in zwei Stunden gescheitert waren. Fertig! Und – wie das Lösungsheft offenbarte – richtig noch dazu!

Mich stürzte das eine Zeit lang in eine veritable Krise. Ich bin zwar ein guter Kopfrechner, aber was die höhere Mathematik angeht, hat der liebe Gott scheinbar ein paar Ecken in meinem Kopf – die für das mathematische Verständnis – frei gelassen.

Glücklicherweise war ich nicht der Einzige, der in Mathematik Schwierigkeiten hatte. Für mich gab es damals keine andere Alternative, als so viel zu lernen wie möglich. Ich stand jeden Tag um fünf Uhr früh auf, nach der Schule lernte ich bis Mitternacht. Kaum einer schafft die Fachschule Hagenberg, ohne sich mächtig ins Zeug zu legen, dennoch glaube ich, dass zu meiner Zeit dort niemand so viel gelernt hat wie ich.

Interview mit Christian: »Zu 100 Prozent reintigern«

Zur Person:

Christian Kaar, heute CTO bei Runtastic, ist einer der vier Gründer des Unternehmens. Der begeisterte Mathematiker und findige Programmierer experimentierte früh mit GPS-Ortungssystemen. Nach Abschluss des FH-Studiums hätte er eigentlich im Februar 2009 seinen Job bei Tomtom in Amsterdam antreten sollen. Aber unter dem Eindruck der Wirtschaftskrise verhängte das niederländische Unternehmen einen Aufnahmestopp. Kaar musste in Linz bleiben. Der Rest ist (Runtastic-)Geschichte …

Wie hast du Florian kennengelernt?
Beim FH-Studium in Hagenberg. Wir haben im selben Studentenheim gewohnt. Er war ein paar Zimmer weiter untergebracht. Ich weiß nicht genau, wann er mir zum ersten Mal aufgefallen ist. Wir verbrachten während des Studiums auch gar nicht so viel Zeit miteinander. Wir sind sicher nicht von Anfang an die besten Freunde gewesen. Er hatte ja einen vollkommen anderen Hintergrund als ich. In Hagenberg ist es viel um Programmieren und Mathematik gegangen. Das war für ihn mit seinem schulischen Hintergrund ein großer Sprung. Er musste sich da zu 100 Prozent reintigern, weil er das Vorwissen nicht hatte.

War Florian ein Streber?
Dieser Begriff klingt zu negativ und passt nicht. Er wollte einfach die Sachen wirklich verstehen. Er war enorm ehrgeizig und hat enorm viel Zeit investiert. Er hat nachgefragt und war im Unterricht sehr aktiv. Zugleich – und das klingt vielleicht auf den ersten Blick wie ein Widerspruch – habe ich ihn zu

Beginn als Partytiger wahrgenommen. Er war bei denen dabei, die immer gern ausgegangen sind. In der Schule hat er dann von seinen Wochenenden berichtet. Party machen, Autos und zugleich enorm beharrlich studieren – das war der Florian damals. Wenn einige am Tisch zusammengesessen sind, war er derjenige, der am meisten erzählt hat. Man könnte sagen: Schon in der Schule war er ein Opinion Leader.

Florian sagt über dich, dass du ein Mathematikgenie bist. Stimmt das?
Ich würde mich sicher nicht so bezeichnen. Aber mir fällt Mathematik leicht. Es ist eines meiner größten Talente. Ich habe mich schon immer dafür interessiert. In Hagenberg hat mir natürlich auch die Vorausbildung an der HTL viel geholfen. Deswegen habe ich mir da sehr leichtgetan.

Bitte beschreibe Florian aus deiner Sicht als Gründer.
Florian hat diese Fähigkeit, Menschen zu begeistern. Schon in der Schule hatte er ein gutes Auftreten. Später hat er sich in diesem Bereich extrem weiterentwickelt. Diese Begeisterungsfähigkeit wirkt sich ansteckend auf das Publikum aus. Beim Gründen von Runtastic sind seine Produktvisionen und sein Hang zu Fitness und Sport hervorgetreten. Das waren Eigenschaften, die mir während des Studiums gar nicht so aufgefallen sind. Er hat immer schon Krafttraining und Sport betrieben, aber es war noch nicht deutlich, dass er das mit einer Geschäftsidee verknüpfen würde. Unter uns vieren war Florian immer derjenige, der für die Produkte und die Visionen zuständig war. Er war derjenige, der vorgegeben hat, wohin wir uns entwickeln. Er hat ein wirklich gutes Gespür für die Bedürfnisse der Menschen: für das, was sie brauchen und wollen. Und er weiß intuitiv, mit welchen Produkten man diese Bedürfnisse stillt.

Waren die Rollen innerhalb der vier Gründer von Anfang an klar verteilt?

Es hat sich bereits im ersten Jahr so entwickelt und dann immer weiter rauskristallisiert. Die ursprüngliche Lauf-App und die nächsten Schritte: 99 Prozent aller Ideen stammen aus Florians Kopf. Er ist sicher das Mastermind. Am Beginn gab es zwar das GPS-Tracking von Segelbooten, das René und ich technisch entwickelt hatten, aber wir hatten dazu weder eine Geschäftsidee noch jemanden, der das Produkt verkörpern konnte. Florian ist genau diese Person. Er ist Runtastic, er lebt Runtastic, und er kann es authentisch verkaufen. Das ist eine Eigenschaft, die kein anderer von uns beherrscht.

Runtastic ist in wenigen Jahren vom Start-up zum internationalen Unternehmen gewachsen. Wie hat sich Florian in dieser Zeit verändert?

Dort, wo er schon Stärken hatte, hat er sie enorm weiterentwickelt. Heute ist er souverän in der Art und Weise, wie er Sachen erzählt und wie er auftritt. Wir sind von einem winzigen Start-up zu einem 240 Mitarbeiter starken, internationalen Unternehmen geworden. Das hat natürlich auch unsere Arbeitsweise geädert. Florian war immer einer, der ganz nah am Ort des Geschehens sein musste. Zum Beispiel bei der Produktentwicklung. Er hat dort bis ins kleinste Detail mitgearbeitet. Jetzt, in dieser neuen Dimension unseres Unternehmens, geht das nicht mehr in dieser Form. Jetzt sind andere Qualitäten gefragt, auch von ihm. Man kann nicht mehr jeden Subbereich bis ins kleinste Detail kontrollieren. Mit diesem Kontrollverlust musst du als Gründer eines gewachsenen Unternehmens umgehen lernen, und das fällt Florian nicht leicht.

Wie ist Florian als Mensch abseits der Firma?

Er kann mit allen möglichen Leuten reden und findet mit jedem einen Anknüpfungspunkt. Er kann irrsinnig gut netzwerken und schnell Beziehungen aufbauen. Ich glaube, er hat ein richtig gutes Gespür für Menschen. Fortgehen, das ist auch seins. Auch dass er es gerne ein bisschen krachen lässt und manchmal zum Übertreiben neigt. Das ist insofern interessant, als er menschlich mit beiden Beinen auf dem Boden steht. Sobald du ihn besser kennst, weißt du, dass er nie abgehoben oder oberflächlich handelt. Jeder, der ihn kennenlernt, merkt bald: Der interessiert sich wirklich für Themen und macht sich Gedanken. Natürlich ist er in den letzten Jahren erwachsener geworden, noch professioneller. Und: Kleinigkeiten bringen ihn nicht mehr aus der Fassung. Er hat gelernt, gewisse Sachen einfach zuzulassen, auch wenn sie nicht gänzlich nach seinen Vorstellungen laufen.

Macht es in einem großen Unternehmen genauso Spaß wie in einem kleinen Start-up?

Mir macht es zu 100 Prozent Spaß, auch wenn es heute total andere Aufgaben sind. Ich sehe natürlich die Qualitäten des Start-up-Lebens, wo man alles – hands-on – selber macht. Das hat auch etwas.

Es gibt die Geschichte, dass ihr eines Tages entscheiden musstet, wer jetzt CEO sein soll. Erinnerst du dich an euer Gespräch dazu?

Am Anfang waren wir alle Gründer und CEO zugleich. Wir haben uns damals sogar dieselbe E-Mail-Adresse *ceo@runtastic.com* geteilt. Das hat allerdings nicht bedeutet, dass wir alle dieselben Aufgaben wahrgenommen hätten. Jeder hatte von Anfang an seinen eigenen Bereich, in dem er extrem gut war, was übrigens wohl auch einer der Erfolgsfaktoren von Runtastic ist. Deshalb war das Offiziellmachen der CEO-Funktion kein Streitpunkt. Uns allen war klar: Florian ist das Sprachrohr. Wir anderen drei sind – relativ gesehen – eher introvertiert. Deshalb gab es da keine Diskussionen. Wir haben uns gefreut, dass wir das nicht machen mussten.

Das klingt alles ungemein harmonisch: Gab es unter euch vieren nie Konflikte?
Es gab Diskussionen. Meistens zwischen Alfred, der für die Finanzen zuständig war, und Florian. René und ich waren tendenziell in der Mitte irgendwo und haben vermittelt. Aber: Auch wenn es mitunter konträre Meinungen gegeben hat, kamen wir dennoch nie an einen Punkt, an dem wir Angst gehabt hätten, dass wir uns jetzt zerstreiten würden. Vielleicht auch deshalb, weil es mit Runtastic immer bergauf gegangen ist.

Du bist bei Runtastic gelandet, weil dein ursprünglicher Plan, zu Tomtom zu gehen, an der Wirtschaftskrise und am Aufnahmestopp gescheitert ist. Welcher Dialog hat sich damals in deinem Kopf abgespielt?
Ich habe am 20. Januar die Absage für den Job bekommen, der am 1. Februar hätte beginnen sollen. Das war aus heutiger Sicht ein gewaltiges Glück. Mein ursprünglicher Plan war es, irgendwo bei einem großen Konzern im Ausland zu arbeiten, Erfahrungen zu sammeln und erst danach – vielleicht – in die Selbstständigkeit zu gehen. Es war aber bald klar: Unser Projekt ist viel spannender. Ich habe mir gesagt: Ich habe nichts zu verlieren.

Aus technischer Sicht: Welche Entwicklungen haben Runtastic begünstigt?
Als wir während des Studiums die App zum Tracken von Segel-

booten gelauncht haben, konnte man sie bloß über Bluetooth herunterladen. Es gab noch keine Distributionskanäle. Die kamen erst 2008 mit dem App Store. Das Timing war einfach perfekt. Perfekt war natürlich auch, dass wir es sofort in die Toprankings geschafft haben. Damals gab es als Konkurrenz in Europa bloß Smartrunner – das war die erste Benchmark für uns, die wir bald überholt haben. Ein weiterer Faktor war die Entwicklung bei den Smartphones. Das erste iPhone mit GPS ist im Jahr 2008 auf den Markt gekommen. Bei unserem Vorläuferprojekt – den Segelbooten – waren die GPS-Empfänger noch viel größer. Sie mussten umständlich in den Booten untergebracht werden.

Waren diese zeitlichen Zusammenhänge einfach Glück oder habt ihr die Entwicklungen vorhergesehen?
Es war natürlich auch viel Glück dabei. Am Anfang war es uns noch gar nicht so bewusst, wie gut hier verschiedene Faktoren zusammenwirkten. Im ersten Businessplan sind wir noch davon ausgegangen, 90 Prozent unseres Umsatzes mithilfe fix installierter Laufstrecken zu machen. Auch das Potenzial war uns zunächst nicht bewusst, dass man unsere Idee nämlich so einfach skalieren kann. Natürlich ist eines klar: Bloß weil die App verfügbar ist, weil es die richtigen Handys gibt und die richtigen technischen Features, bedeutet das noch nicht automatisch, dass sie Millionen Downloads hat.

Welchen Fehler aus eurer Anfangszeit würdest du mit deinem Wissen heute nicht mehr wiederholen?
Der vielleicht größte Fehler war es, nicht nachzuschauen, ob die Domain *Runtastic.com* überhaupt frei ist. Das hat mit unserer bescheidenen Prämisse der Anfangszeit zu tun. Wir haben zunächst gesagt: Wir wollen im deutschsprachigen Raum das

führende Sportportal werden, dann haben wir gesagt: das führende Sportportal in Europa. Dass wir weltweit Erfolg haben würden, hatten wir nicht einkalkuliert. Wir haben einfach überlegt, welcher Name zu unserem Produkt passen könnte. »Runtastic« ist dann übrigens meiner Freundin eingefallen. Es war uns zunächst gar nicht bewusst, wie wichtig die .com-Domain ist. Wenn ich noch einmal eine Company gründen würde, dann nur mit einer freien .com-Domain zum Unternehmensnamen.

Wann habt ihr die Domain bekommen?
Wir haben sie nach zwei Jahren dann gekauft. Da war sie noch erschwinglich. *(lacht)*

René Giretzlehner

War Christian eine Art freundliches Genie, das mit einer gewissen Milde uns anderen hin und wieder ein Stückchen weiterhalf, wenn wir es wieder einmal nicht auf die Reihe bekamen, war der spätere Runtastic-Mitgründer René Giretzlehner aus ganz anderem Holz geschnitzt. In Mathematik, vor allem aber beim Programmieren ebenso ein »Megabrain« wie Christian konnte er es einfach nicht verstehen, wenn seine Schulkollegen schwerer von Begriff waren als er selbst. Als jemand, der jahrelang einen Notendurchschnitt von 1,0 erzielt hatte, mussten ihm wohl alle anderen wie tollpatschige Trottel vorkommen. Die Lektoren bemerkten bald seine Begabung. Wenn sie einmal bei einem Rechenvorgang oder einer Programmzeile nicht weiterwussten, baten sie René oder Christian um Hilfe. Die konnten jedes Problem meistens in wenigen Minuten lösen.

Exzentrisch, einzelgängerisch, jähzornig und ein wenig arrogant – so nahm ich ihn damals wahr. Keiner jedenfalls, mit dem ich mich schnell angefreundet hätte. Eine Distanz, die – wie er mir später bestätigte – durchaus auf Gegenseitigkeit beruhte. Als Externist nahm René zudem weniger am Sozialleben an der Fachhochschule teil, sodass es nur schwer möglich war, näheren Kontakt zu ihm aufzubauen.

René hat in den Jahren seit dem Studium übrigens wahrscheinlich den stärksten Wandel durchgemacht. Aus einem jähzornigen Genie, das aus Wut auch schon einmal ein Glas gegen die Wand werfen konnte, ist ein umgänglicher Mensch und ein richtig guter Freund geworden. Diese Entwicklung war allerdings während der Zeit in Hagenberg nicht vorherzusehen.

Was Christian und René vor allem in mir auslösten: Selbstzweifel. Wie würde jemals irgendein Mensch so jemanden wie mich brauchen können, wo es doch Techniker und Programmierer von einem Format eines Christian oder eines René gab? Es ist aus dieser Sicht nicht verwunderlich, dass mein Ego und mein Selbstvertrauen gerade zu Beginn des Studiums sehr klein waren.

Der Knoten geht auf

Das Bachelorstudium in Hagenberg war auf drei Jahre angelegt. Wer den Master wollte, musste zwei weitere Jahre anhängen. Und genau das war mein Ziel. Bis dahin war es allerdings ein harter Weg.

Wenn ich heute zurückdenke, muss ich mir eingestehen, dass ich das Programmieren in seiner ganzen Tiefe bis zum Schluss nie ganz verstanden habe. Wohl waren einige spannende Projekte dabei, auf die ich auch heute noch stolz bin, aber immer, wenn ich einen 1000 Zeilen langen Code hinlegte, der meinetwegen fünf Sekunden lang zur Ausführung dauerte, erzielte René dasselbe Ergebnis mit nur 100 Zeilen. Ich musste mir irgendwann eingestehen: Ich kann zwar eine Menge lernen und bis zu einer gewissen Tiefe in die Materie eintauchen, beim Programmieren werde ich jedoch niemals zu den Besten gehören.

Wie jedoch meistens, wen man enorm viel Zeit in eine Sache investiert, begreift man sie mit der Zeit immer besser. Die Disziplin, mit der ich studierte, verbunden mit dem ehrlichen Wunsch, die Probleme zu verstehen, machte sich irgendwann bezahlt: Im zweiten oder dritten Semester ging mir der Knopf auf.

Beim Programmieren erreichte ich zwar nie die Geschwindigkeit oder das Level wie die Besten in der Klasse, es gelang mir jedoch, mir ein Grundverständnis technischer Vorgänge anzueignen. Es ist ein Wissen, das mir bis heute nützt. Ich beherrsche, wenn man so will, die Sprache der Technik. Damit kann ich Programmierer herausfordern und gewinne schnell einen guten Eindruck, ob ein Code zweckmäßig ist oder vielleicht ein Problem zu umständlich löst.

Was mir in Hagenberg noch zugutekam: Je länger das Studium dauerte, desto spannender wurde es. Die Anfangsschwierigkeiten wurden immer weniger. Bald kamen die richtig spannenden Fächer dazu. Fächer, die meinen Fähigkeiten noch viel mehr entsprachen: Websites bauen zum Beispiel sagte mir enorm zu. Man schreibt ein bisschen Code, man macht sich Gedanken über eine attraktive Gestaltung und Funktionalität: Schon ist die Website da.

Ich habe natürlich sofort damit angefangen, eigene Websites zu bauen, und 3-D-Animationen hineingeschrieben. Das war ein großer Spaß. Und wie bei so vielen Dingen wurde aus dem Ganzen bald ein Business für mich.

Je länger das Studium dauerte, desto klarer kristallisierte sich heraus, worin meine Stärken wirklich lagen. Nicht im rein Technischen nämlich, sondern im Planen, Durchführen und Präsentieren von Projekten.

Exkurs: Florian und das Verkaufen

Eine Frage, die mich mein ganzes Leben beschäftigte und die sich natürlich auch während des Studiums in Hagenberg stellte, war diese: Wie kann ich Geld verdienen? Nachdem mich meine Eltern von klein auf daran gewöhnen wollten, dass die finanziellen Ressourcen begrenzt waren, ich aber immer schon stark ausgeprägte materielle Wünsche hatte, blieb mir keine andere Möglichkeit, als so früh wie möglich selber Geld zu verdienen. Während der Schulzeit waren das zum einen Praktika, die ich so auswählte, dass sie möglichst profitabel waren. Zum anderen versuchte ich, jede Fähigkeit, die ich hatte, zum Geldverdienen einzusetzen.

Weil ich immer recht geschickt mit Motoren und Technik war, half ich anderen beim Umbauen und Tunen ihrer Autos und Mopeds. Ich baute Hi-Fi-Anlagen und Lautsprecherboxen ein, ich schraubte an den Maxis, Vespas und Autos herum. Ich las in meiner Jugendzeit so viele Kfz-Fachmagazine, dass ich mich da wirklich sehr gut auskannte. Wenn dann jemand etwas brauchte, war ich zur Hand und verrechnete für meine Leistung einen gewissen Preis. Wenn Bekannte Ersatzteile für ihre Autos brauchten, machte ich mich auf den Gebrauchtmärkten schlau und besorgte die notwendigen Teile. Auch sie verkaufte ich mit einem kleinen Profit weiter.

Eines Tages kaufte ich einem Freund eine alte Stoßstange für 150 Euro ab. Wenige Tage später verkaufte ich sie für 250 Euro weiter. Als ich das im Freundeskreis erzählte, meinte ein Freund zu mir: »Flo, ich finde das eigentlich arg, dass du mit Freunden Geschäfte machst.«

Das gab mir damals ziemlich zu denken. Ich lernte daraus für mich, dass im Freundeskreis Geschäfte tabu waren. Oder besser gesagt: Geld verdienen mit Freunden ist tabu.

Ähnlich wie über Autos häufte ich Wissen auch über Mobiltelefone an. Früh kaufte ich – heimlich – mein erstes Nokia 3110. Kombiniert mit dem Wissen aus Hagenberg, lernte ich bald, wie ich die Handys entsperren oder reparieren konnte. Mein Tarif damals: 30 Euro für das Entsperren eines Telefons und nochmals zehn Euro für 50 tolle Klingeltöne.

Während des Studiums in Hagenberg begann ich damit, für kleine Unternehmen und Freiberufler Websites zu gestalten. Eine Werbeagentur hätte es wahrscheinlich besser gemacht als ich. Aber für meine Kunden damals genügte es vollkommen (#goodenough). Außerdem kümmerte ich mich nicht bloß um das Webdesign, sondern achtete auch darauf, dass die ganze Hardwareinstallation passte: Als ich einmal für einen Arzt in Strengberg den Webauftritt gestaltete, fuhr ich dann gleich auch zu ihm und richtete ihm für die Praxis ein WLAN-Netzwerk ein.

Es zieht sich wie ein roter Faden durch mein Leben: Sobald ich mir irgendwo auf dem Weg neues Wissen aneignete, versuchte ich es auch finanziell zu nutzen.

Mit dem Wissen aus Hagenberg war es das Gleiche. Ich war vielleicht nicht der beste Programmierer, aber – das war mein Learning – es gab immer irgendwo Bedarf für die Kenntnisse, die man mitbrachte. Eine Softwarefirma im Silicon Valley hätte vielleicht nur mit einem Hardcoreprogrammierer vom Kaliber eines Christian oder René etwas anfangen können, aber für einen kleineren Betrieb kann schon jemand eine große Erleichterung sein, der die Basics des Programmierens beherrscht. Es gibt, so habe ich gelernt, immer eine große Gruppe an Leuten, die man mit dem Wissen, über das man zu einem bestimmten Zeitpunkt verfügt, total zufriedenstellen kann.

Dass es diesen Bedarf nach meinen Fähigkeiten gab, war für mich natürlich ein großer Vorteil. War ich doch ständig unter Druck, meine Ausgaben finanzieren zu müssen: Kleidung, Wohnung, Auto. Ich wollte Freiheit und finanzielle Unabhängigkeit, und ich musste dafür arbeiten, sonst hätte ich mir nichts davon leisten können.

Ich denke heute, diese Kombination von materiellen Wünschen mit meinem Willen zur finanziellen Unabhängigkeit war für mich ganz wichtig, um die Extrameile zu gehen und letztlich als Unternehmer erfolgreich zu sein – und natürlich die Fähigkeit, jedes Wissen schnell anzuwenden und in ein Business umzusetzen.

Verkauf von Internetprodukten

Ab dem dritten Jahr an der Fachhochschule, als der Druck ein wenig nachgelassen hatte und ich gemeinsam mit einem Kollegen in eine Wohnung in Leonding gezogen war, hatte ich dann noch mehr Zeit, um mir etwas dazuzuverdienen. Vonseiten der Fachhochschulleitung hieß es zwar, wir sollten unsere Zeit nicht an Nebenjobs verschwenden, sondern uns aufs Studium konzentrieren, ich arbeitete jedoch trotzdem sehr viel nebenbei.

Es muss im Jahr 2007 gewesen sein, als ich bei der A1 Telekom als Verkäufer anheuerte. Das Unternehmen setzte damals auf den Ausbau von Internetanschlüssen für private Haushalte und war auf Expansionskurs. Mein Standort für die Verkaufsgespräche war eine Filiale der Elektrohandelskette Cosmos in der Pluscity, in jenem Einkaufszentrum bei Linz, wo heute auch Runtastic seinen Firmensitz hat. Dort habe ich – jeden Freitag und Samstag von acht Uhr bis 17 Uhr – Leute angesprochen, um ihnen Internetverträge zu verkaufen, ein richtiger Studenten-Promo-Job eben. Ich hatte einen niedrigen Basissatz für jede Stunde, aber mit jedem Abschluss kam eine Provision dazu. Dort, denke ich zumindest, habe ich zum ersten Mal verstanden, dass ich wirklich gut im Verkaufen bin. In ganz kurzer Zeit landete ich im österreichweiten Ranking der Topverkäufer der Promotionfirma unter den ersten Drei – und das, obwohl ich nur zwei Tage die Woche arbeitete. Ich verdiente 200 bis 300 Euro pro Tag. Für einen Studenten war das sehr viel Geld, und das motivierte mich weiterzumachen.

Zum Thema Verkaufsstrategien recherchierte ich auch im Internet und las einen Haufen Bücher. Wie spreche ich den Kunden jeweils am besten an? Wie hole ich ihn genau dort ab, wo er gerade steht? Wie komme ich zum Abschluss? Das Buch *Deal! Du gibst mir, was ich will!* von Jack Nasher beeindruckte mich damals sehr. Ich versuchte, die Tricks zu lernen und jene Taktiken zu übernehmen, die zu mir passten, freilich nur im positiven Sinn: Ich hätte mich nie als einer dieser Verkäufer wohlgefühlt, die die Reibungswärme beim Über-den-Tisch-Ziehen als angenehm empfinden.

Nicht selten begleitete ich damals einen A1-Kunden in die Hardwareabteilung, um ihm auch gleich den passenden Router bei Cosmos zu verkaufen. Den Verkäufern der Elektrokette passte das natürlich nicht, weil ich mir so auch von Cosmos die entsprechende Provision abholte. Die Geschäftsleitung bei Cosmos bemerkte allerdings sehr bald, dass es da jemanden gab, der gut verkaufen konnte. Binnen kurzer Zeit bekam ich auch von ihnen ein Jobangebot.

Einmal kam ein sehr elegant gekleideter Herr in das Geschäft. Im Gespräch wurde bald klar: Er war ebenso intelligent wie betucht. Der forderte mich richtig heraus und ließ sich alles ganz genau erklären. Dass ich Antworten auf seine Fragen hatte, gefiel ihm. Für einen Abschluss reichte es vorerst dennoch nicht. »Herr Gschwandtner«, sagte er dann irgendwann, »ich komme persönlich auf Sie zurück. Sie garantieren mir, dass das Produkt so funktioniert, wie Sie es mir versprechen.«

Ich gab ihm meine Privatnummer und ließ mich auf den Deal ein. Wie versprochen installierte ich alles bei ihm und setzte sein System perfekt auf. Er rief mich dann vier Wochen später an und bedankte sich noch einmal bei mir, weil alles genauso funktionierte, wie es eben funktionieren sollte und wie ich es ihm zugesagt hatte. Auch an A1 schrieb er eine E-Mail mit einem Feedback, in dem er mich sehr lobte. Nur aufgrund meiner Hartnäckigkeit hatte er das Produkt erworben und deshalb, weil ich authentisch für das Produkt eingestanden war.

Erfolgsgeheimnisse

Warum das Verkaufen für mich so gut funktionierte? Was den Verkauf der A1-Internet-Produkte angeht, denke ich, dass mir mein Wissen aus Hagenberg sehr geholfen hat. In diesem Bereich war meine Kompetenz sehr hoch. Ich konnte den Leuten wirklich bis in jedes Detail erklären, wie das mit dem Wireless-LAN funktionierte, welche Schwierigkeiten bei der Installation auf sie zukommen würden und wie diese gelöst werden könnten.

Ein weiterer Erfolgsfaktor: Ich war von dem Produkt überzeugt. A1 hatte damals wahrscheinlich das beste Preis-Leistungs-Verhältnis unter den Breitbandanbietern. Die Verbundverträge beim Telefonmarketing waren ebenfalls in Ordnung. Und ich wollte ein Produkt verkaufen, das einen Mehrwert hatte. Ich hätte den Leuten nichts vorschwindeln können – das ist nicht meine Art. Mit einem guten Produkt wird jedoch auch das Verkaufen einfacher.

Der dritte Erfolgsfaktor: Mir war es nie zu mühsam, jeden Einzelnen anzusprechen. Ich weiß, dass viele Leute eine große Scheu davor haben, auf andere zuzugehen. Für mich ist das ein bisschen anders. Mir macht diese Art von Kommunikation großen Spaß. Und: Man muss zu dem stehen, was man tut, und darf keine Angst haben.

Learning aus Nebenjobs als Verkäufer

Für mich waren meine Nebenjobs als Verkäufer eine ungeheuer wichtige Schule. Ich habe in der Praxis in wenigen Jahren mehr über das Verkaufen gelernt, als man in irgendwelchen Seminaren lernen kann. Beim Verkaufen bin ich auch jetzt noch gut. Es gehört irgendwie zu meiner Persönlichkeit dazu und hat mich auch mein ganzes Leben lang begleitet.

Es fällt mir nicht schwer, mich auf meine Gesprächspartner einzustellen, eine gemeinsame Sprache zu finden. Vielleicht spielt es eine Rolle, dass ich mich in ganz verschiedenen Welten bewegen und zurechtfinden musste: auf dem Land, in einer landwirtschaftlichen Fachschule, an der Hochschule unter Technikern und später unter Marketingmenschen und Unternehmensgründern. Das alles hilft beim Verkaufen.

Verkaufen gehörte auch bei Runtastic für mich zum Alltag. Eine Zeit lang habe ich wirklich jedem Menschen, dem ich begegnet bin, unsere App verkauft. Auch um drei Uhr in der Früh in irgendeinem Klub bin ich manchmal mit jemandem in einer Ecke gestanden, und wir haben die App auf sein Handy geladen.

Auch wenn ich das heute nicht mehr in dieser Form betreibe, ist es doch wichtig, ganz hinter dem eigenen Produkt zu stehen. Ich gehe mehrmals wöchentlich zeitig in der Früh laufen – jetzt um 6.45 Uhr, früher um 5.30 Uhr – und spule meine Kilometer herunter. Ich teste alle neuen Runtastic-Funktionen persönlich und baue sie in mein Training ein. Ich probiere auch neue Gadgets aus, die auf den Markt kommen. Ich will verstehen und spüren, was ein Sportler braucht, um effizienter und freudvoller zu trainieren. Das kann jeder, der will, über die App nachverfolgen. Ich lebe das Produkt und verwende es wie kein anderes. Das schafft – denke ich – die notwendige Glaubwürdigkeit. Und die Leute kaufen Produkte von Menschen, die glaubwürdig sind.

Praktikum als Programmierer

Im sechsten Semester entschloss ich mich, mein Berufspraktikum beim Unternehmen Kapsch in der Division Carriercom in Wien zu absolvieren. Es war dies das erste und einzige Mal in meinem Leben, dass ich wirklich als Programmierer arbeitete.

Wien zu wählen, war wieder eine Entscheidung, mit der ich es mir nicht gerade leicht gemacht hatte, schon allein deshalb, weil ich fast niemanden in der Stadt kannte. Es reizte mich aber, mich auch einmal in Wien durchzuschlagen. Ich bezog also ein ziemlich heruntergekommenes Zimmer in der Ybbsstraße im zweiten Bezirk, gleich neben dem Prater. Zu einer Zeit übrigens, als hier noch der Straßenstrich blühte und am Abend die Prostituierten hinauf- und hinunterspazierten, während sie auf vorbeifahrende Freier warteten.

Das Kapsch-Büro, wo ich arbeitete, befand sich in der Nähe der Philadelphiabrücke in Wien-Meidling. Meine Aufgabe war es, Telefonprotokolle zu programmieren und ein sogenanntes Look-up-Verzeichnis zu erstellen. Ich brauchte drei Monate für etwas, was René vermutlich in höchstens fünf Tagen aus dem Ärmel geschüttelt hätte. Um es ganz ehrlich zu sagen: Wirklich verstanden habe ich diese – technisch sehr anspruchsvolle – Aufgabe nicht.

Zu meiner Verteidigung muss ich anmerken, dass vor mir auch schon ein anderer Programmierer an der Aufgabe gescheitert war. Vielleicht lag es aber nicht bloß an den Programmierern, irgendwie hatte ich das dumpfe Gefühl, dass keiner hier so genau wusste, was das Ziel wirklich war – ein Phänomen, das mir später noch öfter unterkommen sollte. Ist doch eine klare Kommunikation der Ziele keine Selbstverständlichkeit.

Waren meine Auftraggeber bei der Firma letztlich zufrieden? Nein, nicht wirklich.

War alles unzulänglich, das ich dort zustande brachte? Nein, auch das nicht.

Heute denke ich: Es wird schon gepasst haben, aber meinem Anspruch an mich selbst genügte es jedenfalls nicht. Es war zu wenig. Letztlich machte es mir auch nicht wirklich Spaß. Meiner Erfahrung nach muss man aber das Gefühl haben, eine Sache richtig gut zu beherrschen, damit man sie auch gut machen kann.

Wenn es davor noch nicht völlig klar gewesen war, schuf das Praktikum für mich endgültige Klarheit: Ein Berufsleben als Programmierer würde es für mich mit Sicherheit nicht werden. Und noch etwas lernte ich für mich: Nach Wien ziehen wollte ich ebenfalls nicht. Für mich war die Stadt zu diesem Zeitpunkt irgendwie zu groß und zu unpersönlich.

Nebenjob während des Praktikums in Wien

Während des Praktikums in Wien hatte ich – wie beschrieben – wenig Freude mit meinem Job als Programmierer. Die Aufgabe war schwierig, und sie erfüllte mich nicht. Zum Glück gab es in Wien allerdings noch etwas anderes zu tun. Mein Onkel arbeitete zu dieser Zeit beim Verbund. Weil er wusste, dass ich beim Verkaufen nicht schlecht war, lud er mich ein, mir mit Telefonmarketing etwas dazuzuverdienen. Jeden Tag, wenn ich um 16 Uhr bei Kapsch Carriercom fertig war, fuhr ich gleich weiter ins Verbundbüro im ersten Bezirk. Dort rief ich im Verlauf der nächsten Stunden noch 100 Leute an, um ihnen Stromverträge zu verkaufen.

In diesem Nebenjob als Telefonmarketer ging es mir um ein Vielfaches besser als mit dem Programmieren. Fremde Leute am Telefon zu kontaktieren, störte mich nicht. Der Verbundvertrag war ein Produkt, hinter dem ich stehen konnte. Und mit den Provisionen verdiente ich gutes Geld, das wieder in meine finanziellen Polster floss. Und am Ende des Sommers im Folgejahr hatte ich 20.000 Euro gespart – trotz eigener Wohnung und eigenem Auto.

Bachelorarbeit

Das Praktikum dauerte von März bis Mai 2006. Danach verarbeitete ich meine Erfahrungen gleich in meiner Bachelorarbeit, die ich im Juni zum erstmöglichen Termin abgab. Ein großes Häkchen in meinem Lebensplan: Hagenberg war gemeistert.

Dennoch wäre es für mich keine Option gewesen, sofort arbeiten zu gehen. Jetzt aufzuhören, hätte für mich bedeutet, nur halb studiert zu haben. Deshalb meldete ich mich für das Masterstudium an und suchte mir eine Wohnung in Linz.

Während des Masterstudiums, das im September 2006 begann, wurden die Fächer erwachsener und – für mich – nochmals deutlich interessanter. Was wir bis dahin häufig bloß in der Theorie geübt hatten, bekam jetzt einen professionellen Kontext. Es wurde die Frage gestellt, wie sich Algorithmen in konkrete Geschäftsideen umsetzen ließen. Welchen Bedarf konnten Unternehmen an unseren Fähigkeiten haben? Wohin entwickelte sich die digitalisierte Welt?

Projektmanagement kam als Unterrichtsfach hinzu. Ich liebte es, Projektpläne zu erstellen, und bemerkte bald: Hier bin ich deutlich besser als in Mathematik oder beim Programmieren. Mit weniger Aufwand ließen sich wesentlich bessere Ergebnisse erzielen. Mein Selbstvertrauen wuchs. Ich hatte das Gefühl, mich immer mehr dem Bereich zu nähern, wo meine wirklichen Talente lagen.

Ein anderes Thema, das mich interessierte, war die Automatisierung von Prozessen. Wir lernten, in Ablaufdiagrammen Maschinen funktionell zu beschreiben, einen Colaautomaten zum Beispiel. Das machte mir sehr viel Spaß.

Interessanterweise bestimmt mich diese Art zu denken bis heute. Wenn mir ein Programmierer von einem Problem erzählt und einen Lösungsansatz skizziert, entsteht in meinem Kopf dazu ein Ablaufdiagramm. Wenn mir seine Lösung zu kompliziert erscheint, sage ich es ihm. Meistens ist es so, dass – wenn wir uns zwei, drei Stunden zusammensetzen – eine wesentlich einfachere und direktere Lösung herauskommt, eine, die sich unter Umständen nicht erst nach zwei Wochen Programmieren realisieren lässt, sondern vielleicht schon nach zwei Tagen.

Ich versuche einfach, die Leute zum Nachdenken zu bringen. Das Motto, mit dem ich an eine neue Herausforderung gehe, ist zunächst einmal: *Work smarter, don't work harder.*

Lessons learned

Wenn ich an meine Zeit in Hagenberg zurückdenke, dann ist sie in vieler Hinsicht für mich bedeutungsvoll. Ich musste mich in den Jahren dort, speziell am Anfang, ungeheuer anstrengen und nach der Decke strecken, um die Herausforderung zu meistern. Was Disziplin und Selbstorganisation angeht, war die Fachhochschule eine ebenso harte wie wichtige Schule.

Ein weiterer Faktor: Mein technisches Verständnis in Sachen Programmieren und die Einblicke in die Logik des maschinellen Denkens verdanke ich Hagenberg. Darüber hinaus erlernte ich die Sprache der Technik, was mir später half, Unternehmensziele und deren technische Umsetzung auf einen gemeinsamen Nenner zu bringen.

Schließlich prägte die Zeit in Hagenberg das Verständnis für meine eigenen Fähigkeiten, für meine Stärken und Schwächen. Die HTL-Schüler in Hagenberg taten sich leichter beim Programmieren und Integralrechnen. Ich fand heraus: Ich bin nicht der beste Programmierer und werde es – egal wie sehr ich mich anstrenge – niemals sein. Dafür gibt es bessere Kräfte. Ich fand aber auch heraus, dass meine Stärken in einem ganz anderen Bereich lagen: im Präsentieren, im Verstehen von Prozessen, im Projektmanagement und im Beurteilen einer Idee im Hinblick auf deren ökonomische Verwertbarkeit.

Insgesamt begann sich immer mehr ein Bild zu konkretisieren, wo mein Platz in der Berufswelt künftig sein könnte. Mein Selbstvertrauen wuchs. Und meine Zuversicht, eines Tages etwas Großes schaffen zu können.

LOGISTIK UND
SUPPLY-MANAGEMENT

Das letzte Jahr meines Masterstudiums in Hagenberg war weniger zeitaufwendig als die Bachelorjahre davor. Ich hatte zwar viel zu tun mit meinen diversen Nebenjobs, aber die Lehrinhalte an der Fachhochschule gefielen mir jetzt immer besser, und sie ließen sich mit deutlich weniger Aufwand meistern. Nachdem ich meine Bachelorarbeit in Hagenberg abgegeben hatte, blieb also etwas Zeit darüber nachzudenken, welche Richtung mein Leben weiter nehmen sollte. Die Erfahrungen aus meinen diversen Jobs als Verkäufer und die Bücher, die ich zu dem Thema gelesen hatte, weckten in mir große Lust, mich weiter in Richtung Marketing und Projektmanagement zu entwickeln.

Also bewarb ich mich für das Studium Logistik und Supply-Chain-Management an der Fachhochschule Steyr – einer Schule mit einem ausgezeichneten Ruf. Der berufsbegleitende viersemestrige Studiengang versprach die Vermittlung von logistischem Know-how in Kombination mit modernen Managementansätzen, alles zugeschnitten auf moderne Unternehmen im digitalen Zeitalter.

Problem dabei: Um für das Studium zugelassen zu sein, fehlten mir einige ECTS-(European Credit Transfer System-)Punkte aus marketingspezifischen Fächern, damit ich überhaupt erst zur Aufnahmeprüfung antreten konnte. Ich musste deshalb bereits vorab in Steyr eine Marketingvorlesung besuchen, um die notwendigen Punkte zu sammeln.

Zweiter Masterlehrgang in Steyr

Nachdem ich die ECTS-Punkte endlich zusammenhatte, trat ich im Sommer 2007 zur Aufnahmeprüfung an. Die Prüfung bestand aus einem schriftlichen Test, in dem Computerwissen, räumliches Denken und Marketingwissen abgefragt wurden. Und aus einem Bewerbungsgespräch, das entweder von Studiengangsleiter Franz Staberhofer oder dem Stellvertreter Gerold Wagner geleitet wurde. Wobei Staberhofer mehr den Logistikaspekt betonte und Wagner eher IT-bezogen war.

Es war vermutlich mein Glück, dass ich bei Wagner landete, den mein Hagenberghintergrund sehr beeindruckte. Nach ein paar Fragen zu meiner Motivation und meinen Zielen und nachdem ich mit Nachdruck erklärt hatte, warum Steyr die perfekte Ergänzung zu meiner bisherigen Ausbildung bedeuten würde, schüttelte er mir die Hand und gratulierte: Ich war aufgenommen.

Neben dem Vollzeitstudium in Hagenberg, der Arbeit an Freitagen und Samstagen, sechsmal in der Woche trainieren und einmal pro Woche fortgehen und feiern hieß es jetzt: Ab Freitagmittag und jeweils den ganzen Samstag nach Steyr fahren, um dort die Lehrveranstaltungen zu besuchen. Am Sonntag mit Kollegen zusammensetzen, um Aufgaben oder Übungen vorzubereiten. Hin und wieder wurden zusätzlich geblockte Seminare abgehalten. Dann war man gleich eine ganze Woche eingespannt.

Rückwirkend betrachtet – war das natürlich wieder eine ziemliche Hardcorezeit. Und die nächsten Jahre wurde es nicht besser: Auf die Masterarbeit für Hagenberg folgte die Masterarbeit für Steyr. Es begannen Bewerbungsgespräche für verschiedene Jobs, und bald schon sollten wir mitten in den Planungsarbeiten für Runtastic stecken.

Aber Schritt für Schritt: Im Alter von 19 bis 26 kann ich jedenfalls nicht sehr viel Schlaf gebraucht haben. Ich ging zu Mitternacht ins

Bett und stand um 5 Uhr in der Früh wieder auf. Fünf bis sechs Stunden Schlaf waren das Maximum. Nicht nur der Körper war sehr stark gefordert, auch für den Kopf war es teilweise brutal. Hatte ich für ein Projekt endlich genug gearbeitet, geriet ich mit zwei anderen Projekten ins Hintertreffen.

Um dem hohen Druck standzuhalten, hieß es für mich: Disziplin entwickeln und meine Selbstorganisation optimieren.

Meeting Alfred Luger

An der Fachhochschule in Steyr war es auch, dass sich mein Kontakt zu Alfred Luger reaktivierte, der später Runtastic-Gründungskollege Nummer vier werden sollte. Eigentlich kenne ich »Fredl« – wie ihn seine Freunde nennen – schon länger. Er stammt aus St. Valentin, unserer Nachbargemeinde. Unsere Freundeskreise hatten ein paar Überlappungen. So geschah es häufig, dass wir uns im selben Lokal über den Weg liefen, wenn Strengberger und Valentiner zusammentrafen.

Lange wusste ich recht wenig über ihn. Es hieß, dass er weder für die Schule noch für sein Wirtschaftsstudium jemals etwas hatte lernen müssen. Außerdem eilte ihm der Ruf eines Party Animal voraus. Der Fredl, so erzählten die Leute, sei auf einer Party stets der *last man standing* oder – wenn nicht mehr *standing* – dann zumindest auf dem Barhocker sitzend. Selbst nach durchzechter Nacht aber, verkatert und ohne Schlaf – so der Mythos –, würde er am nächsten Tag die beste Klausur seines Jahrgangs hinlegen: ein Mensch irgendwo zwischen Genie und Wahnsinn.

Beim legendären Inselfest in St. Valentin – einem mehrtägigen Zeltfest in der Pampa neben einem Bauernhof – habe ich ihm vor vielen, vielen Jahren das erste Mal die Hand geschüttelt. Von da an grüßten wir uns beim Fortgehen und plauderten ab und zu.

Dass er sich ebenfalls für den Lehrgang an der FH Steyr interessiert, erzählte er mir, als wir uns zufällig im Freibad in St. Valentin über den Weg liefen. Ich hatte gerade meine Bachelorarbeit in Hagenberg fertig und begann, Optionen für meine weitere Ausbildung auszuloten. Wir saßen im Strandbuffet und tranken Spritzer weiß – Fredls Leibgetränk. Für uns war nach diesem Gespräch sofort klar: ja, passt. Studieren wir gemeinsam. Dann können wir auch in einem Auto zusammen nach Steyr pendeln.

In der Realität dann schwieriger

Der Fachhochschullehrgang in Steyr wurde berufsbegleitend geführt. In der Summe hatte ich mir das zweite Studium natürlich leichter vorgestellt, als es dann in Realität war.

Immerhin war es inhaltlich genau das, was mich interessierte: nämlich eine Kombination aus Wirtschaft, Unternehmensführung, Marketing und Präsentieren. Dazu kamen zahlreiche fachliche Inputs zu E-Commerce, Microblogging und Onlinemarketing.

Je länger der Lehrgang dauerte, desto stärker setzte sich bei mir der Eindruck fest: In diesem Setting kommen meine Stärken am besten hervor. Hier punkte ich mit guten Ideen, die ich dann selbst auch gleich umsetzen kann.

Neu war auch die Zusammensetzung meiner Kollegenschaft: Hatten in Hagenberg vornehmlich junge Leute studiert, die gleich nach der Schule die Ausbildung hier begannen, kamen nach Steyr Menschen mit mehreren Jahren Erfahrung im Beruf. Die meisten im Alter von 30 bis 45 Jahren – also rund zehn, 15 Jahre älter als ich: Es waren führende Mitarbeiter aus den unterschiedlichsten Bereichen: Logistik, Zentraleinkauf, Metallindustrie etc. Das erzeugte sofort eine sehr praktische Erwartungshaltung. Hier wurde weniger theoretisiert, sondern sofort überlegt, wie die Lehrinhalte auf konkrete professionelle Bedürfnisse von Managern und Entrepreneuren heruntergebrochen werden können.

Obwohl ich selbst einer der jüngsten Studenten in Steyr war, schreckte mich diese Ausgangssituation keineswegs ab. Retrospektiv hat es mir sogar ganz gutgetan, mit Menschen, die mir an Berufserfahrung einiges voraushatten, an Projekten zu arbeiten und im selben Vorlesungssaal zu sitzen: Von der Erfahrung anderer kann man wirklich sehr viel profitieren.

Dazu kam: Ich fühlte mich durch meine diversen Nebenjobs, die ich bis dahin ausgeübt hatte, ganz gut vorbereitet und nicht unterlegen. Die Mischung bei den Dozenten war gut gewählt: Zu Spezialisten in bestimmten Bereichen gesellten sich gute Leute aus der Praxis, die immer wieder schilderten, mit welchen Problemen sie im Alltag konfrontiert waren.

Digitale Produkte und Märkte

Spannend war das Studium in Steyr nicht zuletzt auch deswegen, weil wir Fächer wie »Digitale Produkte und Märkte« hatten, die sehr, sehr nahe am aktuellen Wirtschaftsleben dran waren. Wir schauten uns die Player und deren Konzepte an, um zu analysieren, welche Onlineshops warum funktionieren und welche nicht. Den Erfolgsfaktoren von E-Commerce gingen wir ebenso auf den Grund wie den neuen wirtschaftlichen Möglichkeiten, die mit Innovationen im Bereich des mobilen Internets einhergingen.

In den Fächern zum Thema Unternehmensgründung und Entrepreneurship wiederum lernten wir viel über den Start der eigenen Firma und die ökonomischen und rechtlichen Rahmenbedingungen. Es war unsere Aufgabe, eigene Geschäftsmodelle zu entwickeln, im Team Businesspläne zu entwerfen und uns eine konkrete Umsetzung zu überlegen. Das alles triggerte bei mir immer weiter das unternehmerische Mindset. Mit wachen Augen verfolgte ich alle Entwicklungen und machte mir Gedanken, wie mein eigenes Unternehmen aussehen könnte und wie ein lukratives Produkt.

Mich selbst faszinierte zu dieser Zeit übrigens gerade maßgeschneiderte Kleidung in Kombination mit Onlineverkaufssystemen. Meine Idee damals – ich finde sie eigentlich immer noch ganz gut: mit einem 3-D-Bodyscanner ein exaktes Profil des menschlichen Körpers anzufertigen. Einmal vermessen, so der Plan, könnte man sich mit einer ID bei Kleiderhändlern wie Zalando und Adidas einloggen. Der Onlineshop würde dann genau die Kleidung zeigen, die einem passt.

Ich verarbeitete diese Idee schließlich in einem Businessplan. Wäre mir später nicht Runtastic »in die Quere« gekommen: Wer weiß, vielleicht hätte ich mich mit diesem Projekt selbstständig gemacht. So verfolgte ich die 3-D-Kleidung bis ins zweite Semester, wo dann bald alle Energien und Zeitressourcen in Richtung Runtastic umgeleitet wurden. Auch meine Masterarbeit für die FH Steyr, die ich dann im September 2009 abgab, sollte ich letztlich über unsere Lauf-App verfassen.

Den Abschluss dann noch zu machen, war übrigens richtig hart. In den letzten beiden Semestern des Studiums war Runtastic ja schon fix auf Schiene. Die Anfangszeit der Unternehmensgründung benötigte all unsere Energie. Um im Sommer 2009 die Masterarbeit abzuschließen, musste ich nochmals alle Konsequenz und Disziplin aufbringen. Richtig motiviert war ich zu diesem Zeitpunkt nicht mehr. Nicht zuletzt deshalb, weil mir bewusst war, dass der zweite Master für die Unternehmensgründung natürlich völlig wurscht (österreichisch für: egal) war.

Praktikum Ukraine

Wenn mich Studierende heute fragen, wie sie ihre Praktika auswählen sollen, sage ich ihnen stets: »Achtet nicht so sehr auf das

Gehalt. Wichtig ist, dass die Tätigkeit passt und dass sie euch interessiert und weiterbringt.«

So richtig und wichtig dieser Rat auch sein mag. Für mein eigenes Leben habe ich ihn niemals beherzigt. Mein wichtigstes Entscheidungskriterium war zumeist: Die Kohle muss passen.

Dieser Leitgedanke verschleppte mich nach dem ersten Jahr in Steyr in ein Stahlwerk in der Ukraine, wo ich ein siebenwöchiges Praktikum absolvierte. Dort ein paar Wochen Vollzeit zu arbeiten, war nicht nur aus steuerlichen Gründen attraktiv: Wenn man nur drei Monate im Jahr Vollzeit arbeitet, erhält man bekanntlich den größten Teil der geleisteten Lohnsteuer zurück. In kurzer Zeit ließ sich so gehörig etwas ansparen.

Damals spielte ich bereits mit dem Gedanken, mich eines Tages selbstständig zu machen. Ein finanzielles Polster – so rechnete ich – würde mir den Start in die Selbstständigkeit deutlich erleichtern.

Dass ich dann im Sommer 2008 ausgerechnet in die Ukraine fuhr, hatte Charly, ein guter Freund von mir, der damals bei der Siemens VAI beschäftigt war, eingefädelt. Charly war als Vice President immer in Stahlwerken in Russland und in ehemaligen UdSSR-Staaten unterwegs. Ihn fragte ich, ob er nicht einen guten Praktikumsplatz für mich wüsste. Tatsächlich rief er mich ein paar Tage später an und erzählte mir von einem neu eröffneten Stahlwerk in Altschewsk. Die 100 000-Einwohner-Stadt im Osten der Ukraine ist eine Industriehochburg des Landes mit Schwerpunkt auf Stahlverarbeitung.

Dort – so erklärte er mir – würde im Sommer eine Praktikumsstelle besetzt. Außerdem kämpfe man in Altschewsk zurzeit ohnehin mit gröberen logistischen Problemen: »Die brauchen dringend wen, der sich auskennt«, sagte Charly: »Vielleicht kannst du ihnen mit deinen Fähigkeiten helfen.« Was mich sofort für den Job begeisterte: ein Nettogehalt von 4.000 Euro monatlich.

Wenige Wochen später flog ich also Richtung Osten, stieg einmal in Kiew um und landete nach sechs Stunden Flug auf dem kleinen

Flughafen von Altschewsk. Dort holte mich ein Mensch im schwarzen Skoda Octavia ab. Ein Deutscher, der so etwas wie der lokale Manager war. Seine Begrüßung war äußerst wortkarg. Und auch während der Fahrt sprachen wir wenig. Seine Botschaft war allerdings eindeutig: »Ich weiß nicht genau, warum du da bist. Aber eines ist klar: In Wahrheit braucht dich hier keiner.«

Wir fuhren schweigend durch die kahle Industrielandschaft. Mit jemandem im Auto zu sitzen, der einen ablehnt, ohne einen wirklich zu kennen, stimmte mich nicht wirklich frohsinnig. Dazu muss man wissen, dass Altschewsk zu diesem Zeitpunkt immer noch allen Klischees einer ehemals kommunistischen Industriestadt entsprach: Plattenbauten, alles kahl, abgefuckt. Die Luft: schlecht, weil die Schlote der Fabriken ungefiltert Staub und Dreck in die Luft blasen. Die Menschen schauen verdrießlich drein.

Irgendwann setzte mich mein neuer Chef in einem offenbar neu errichteten Hotel mit Namen *Gastina Stalica* (*Hotel Stahl*) im Zentrum der Stadt ab. Mit den Worten »Heute Abend holt dich jemand wieder ab« schlug er mir die Autotür vor der Nase zu und fuhr – ohne mir weitere Informationen zu geben – davon. Ich nahm meine Tasche und machte mich auf zur Rezeption, wo ich auf zwei Damen traf, die kein Wort Englisch oder Deutsch sprachen. Irgendwann gelang es mir zu erklären, dass ich einchecken wollte. Zur großen Überraschung der Rezeptionistinnen übrigens – vermutlich war ich der erste Gast überhaupt, der in diesem Hotel abstieg.

Grund dafür: Das *Gastina Stalica* war zu diesem Zeitpunkt noch nicht wirklich fertig. Innen und außen fanden Bauarbeiten statt. Der Aufzug war komplett mit Schutzfolie abgeklebt. Mein Einzelzimmer im vierten Stock allerdings machte auf den ersten Blick einen ganz guten Eindruck – auch wenn der Röhrenfernseher nicht ganz westlichem Standard entsprach. Gezeigt wurden – wie ich später herausfand – durchweg englischsprachige Filme und Serien auf sechs verschiedenen Kanälen. Was besser klingt, als es tatsächlich war: Offenbar hat das ukrainische Fernsehen nämlich nur einen einzigen Synchronsprecher unter Vertrag, der alle Sendungen vertont. Dieser Mann spricht auch alle Charaktere, egal ob Männer oder Frauen. Und das mit der monotonsten Stimme, die man sich vorstellen kann. Diese Synchronisierung ließ sich auch nicht wegschalten, sodass ziemlich bald klar war: Fernsehen würde die nächsten sechs Wochen keine Option sein.

»Was soll's«, dachte ich. Immerhin hatte ich mein eigenes Bad, das ich gleich aufsuchte. Aus Gewohnheit versperrte ich die Tür. Ein Fehler!

Als ich die Tür nämlich wieder öffnen wollte, drehte der Schlüssel ins Leere: Ich war eingeschlossen. Jetzt neige ich zum Glück nicht zur Klaustrophobie, und technisch bin ich recht geschickt. Ich versuchte also zunächst, das Schloss zu manipulieren: vergeblich.

Handy hatte ich natürlich nicht eingesteckt, es wäre allerdings ohnehin kein Empfang gewesen. Ich begann also, an Tür und Wände zu klopfen und – nach einiger Zeit – um Hilfe zu rufen. Anfangs nicht panisch, dann aber doch immer besorgter. Nach einer halben Stunde war immer noch keiner da.

Irgendwann warf ich mich gegen die Tür. Zu meiner Überraschung riss ich – ohne übertriebene Kraftanstrengung – gleich beim ersten Versuch Tür samt Türstock aus der Mauer.

Seitens der Hotelleitung war man einigermaßen überrascht, als ich mein Badezimmer präsentierte.

Am Abend holte mich ein Mann in einem violetten Lada ab, der kaum Deutsch oder Englisch sprach. Das Auto verfügte weder über Kopfstützen noch über Gurte. Mein Chauffeur hatte damit sichtlich kein Problem. Sein Fahrstil war so ambitioniert, als ginge es darum, sich für die 24 Stunden von Le Mans zu qualifizieren. Wir schafften es zum Glück dennoch heil in ein Restaurant, wo der deutsche Boss bereits auf uns wartete. Er war jetzt spürbar besser gelaunt, was unter anderem darin resultierte, dass er mich mit der Frage begrüßte, ob ich Bedarf an einem Mädel hätte. »In der Ukraine«, erklärte er mir, »sind alle Frauen für dich da.« Ich erzählte ihm, dass ich daheim eine Freundin hätte, worauf er lachend nachsetzte: »Die ganze Stadt ist für dich da.«

Am nächsten Tag wurde ich in der Früh vom Firmenbus abgeholt. Das Stahlwerk in Altschewsk ist ein 65 Meter hoher Bau mit drei Hochöfen. Errichtet für einen dreistelligen Millionenbetrag. Gearbeitet wurde ohne Helm oder Atemmasken oder Schutzkleidung und unter – für unsere Vorstellungen – sehr sorglosen Bedingungen. Die Sicherheitsbestimmungen sind deutlich laxer als in Westeuropa. Der Fabrikkomplex – obwohl ebenfalls nicht völlig fertig gebaut – hatte bereits teilweise seinen Betrieb aufgenommen.

Bei der Morgenbesprechung lernte ich Sven, meinen unmittelbaren Vorgesetzten kennen. Ein ganz netter Kerl, der mir erklärte, dass es hier nicht sehr viele Dinge zu tun gäbe. Aber: »Irgendetwas wird sich schon finden.« Was ich ebenfalls gleich herausfand: dass sich drei Viertel der Belegschaft gleich in der Früh vier Zentiliter Wodka in die Venen stellten. Jetzt bin ich kein prinzipieller Feind des Alkohols, dennoch schlug ich die freundliche Aufforderung mitzutrinken aus. Es sollte auch nicht die einzige derartige Einladung an diesem Tag bleiben.

Meine Arbeit in den Anfangstagen war simpel. »Sortiere einmal die Ordner in einem Containerbüro«, sagte Sven. So saß ich dann in dem Büro und sortierte stundenlang die Akten. Nicht gerade eine spannende Arbeit oder eine, für die ich hätte studieren müssen. Aber ich nahm es ohne zu jammern hin, wissend, dass dir viele Leute am Anfang blödsinnige Arbeiten geben, um zu schauen, wie resilient du bist.

Meine nächste Aufgabe war es dann, den Baustellenfortschritt zu dokumentieren. Zweimal am Tag ging ich durchs Werk, kletterte die 60 Meter hohen Gerüste hinauf und machte von oben Fotos. Was mir dabei hin und wieder auffiel: bemerkenswerte

Dummheit, mit der manche im Werk zur Sache gingen. Einmal sah ich einen Lackierer auf einem Gerüst stehen, der – ohne Schutzmaske und gegen den Wind – eine Metalltraverse lackierte: Sein Gesicht war bald mit einer dicken Schicht aus Staub und Lack bedeckt. Ein anderes Mal erhielt ein Bauarbeiter den Auftrag, die Metallstiegen mit einem Rostschutzanstrich zu versehen: Er führte diese Arbeit so gewissenhaft aus, dass er nicht nur die Metallteile der Stiegen und das Geländer strich, sondern gleich auch die Baustellenlampen, die eigentlich am Abend die Treppen beleuchten sollten.

Als er am Abend mit seiner Arbeit fertig war, war es auf der Treppe vollkommen finster. Es war ihm einfach egal gewesen, oder er war tatsächlich so eingeschränkt in seinem Denken, dass ihm nicht bewusst wurde, dass man nicht einfach über eine Lampe drüberlackiert.

Einmal gab es im Werk einen Brand, ein weiteres Mal ließ ein Lkw-Fahrer neu gelieferte Motoren einfach aus eineinhalb Metern Höhe von der Ladefläche auf den Betonboden plumpsen, sodass die Hälfte der teuren Motoren kaputtging. Es war teilweise unglaublich.

War ich anfangs noch recht deprimiert, in diese sonderbare Welt ohne Internet, Telefon und Fernsehen gestolpert zu sein, fand ich es ab einem gewissen Punkt irgendwie unterhaltsam. Auch wenn ich mich nie mit dem Essen (von den verkohlten Hühnerleberstücken habe ich heute noch Albträume), der Saufkultur oder dem Umgang mit Frauen anfreunden konnte. Stichwort Frauen: Es war geradezu klischeehaft, wie in der einzigen Diskothek in der Umgebung selbst die dicksten und grauslichsten Arbeiter umschwärmt wurden, bloß weil sie aus dem Westen kamen.

Mit der Zeit bekam ich einen immer besseren Einblick in die Arbeit im Werk. Was mir bald auffiel: Die meisten Menschen hier hatten relativ viel Zeit übrig, die sie gerne mit Computerspielen am Firmen-PC verbrachten. Jetzt hatte die Firma ganz langsames Internet, und die Computer waren oft nicht perfekt in Schuss. Da ich mich in diesem Bereich gut auskannte, konnte ich dem einen oder anderen helfen, die Leistung seines Computers ein bisschen zu beschleunigen. Als einige Arbeiter ein Spiel im lokalen Netzwerk spielen wollten, aber daran scheiterten, das WLAN zu installieren, half ich ihnen dabei. Was mir Sympathien und neue Freunde bescherte.

Was ich in Altschewsk gelernt habe?

Zum einen, was in einem Unternehmen alles schiefgehen kann, wenn es an Kommunikation und Hausverstand mangelt. Und wie dumm manche Leute an Aufgaben herangehen.

Zum anderen die Lektion für mich persönlich: dass es auch unter diesen Bedingungen möglich war, sich Freunde zu machen. Der Weg war zwar wieder einmal mühsamer, als er hätte sein müssen. Letztlich war es aber eine interessante Erfahrung, und ich hatte auch meinen Spaß. Selbst wenn ich mich nach den sieben Wochen schon echt aufs Heimfahren freute. Letztlich stimmte auch die Kasse: 7.500 Euro wanderten auf mein Konto. Ausgegeben hatte ich in dieser Zeit kaum etwas.

Nachsatz: Ich wohnte während meines gesamten Aufenthaltes in der Ukraine im *Hotel Stahl*. Allerdings nicht immer im selben Zimmer. Nachdem ich am ersten Tag die Tür aus dem Stock gerissen hatte, kam mir am zweiten oder dritten Tag in einem anderen Zimmer die ganze Dusche samt Duschwand entgegen. Sogar die Rohre brachen aus der Wand. Ich kann mich gut erinnern, wie angenehm es war, wieder daheim ein Bad zu nehmen. Ohne das Gefühl, dass jederzeit das Zimmer über einem zusammenstürzen könnte …

Lernen für das Unternehmen

Überraschend vieles von dem, das in der FH Steyr auf dem Lehrplan stand, nützt uns heute bei Runtastic. Manches bauten wir von Anfang an ein. Einige Tools übernahmen wir, als unser Unternehmen wuchs. Ein Beispiel, das heute fixer Bestandteil unseres Unternehmensalltags ist, ist zum Beispiel die KEU-Methode, wie sie in Steyr unterrichtet wird.

KEU steht für Kreativität, Entscheidung, Umsetzung und soll dazu beitragen, Fachwissen mit Umsetzungskompetenz zu verbinden. KEU-Lehrveranstaltungen sahen so aus, dass wir anhand realer Businesscases oder praxisbezogener Fallstudien zunächst einmal Ideen oder Lösungsansätze sammelten, wobei wir verschiedene Techniken wie Brainstorming, negatives Brainstorming oder Mindmapping anwendeten. In einem zweiten Schritt wurde über die ermittelten Lösungsansätze entschieden. Im dritten und letzten Schritt erfolgte dann die Umsetzung.

Bei den Fallstudien konnte es um die Sanierung oder Gründung eines Unternehmens gehen oder auch um andere unternehmensrelevante Entscheidungen. In jeder der drei Phasen des KEU-Prozesses war es erforderlich, simulierte Vorstandspräsentationen zu machen – ein hervorragendes Training für unsere Präsentationsskills. Der Outcome eines jeden Abschnittes wurde möglichst strukturiert dargestellt, ein »Vorstand« – zusammengesetzt aus den Professoren – analysierte die Präsentation und gab das Go für den nächsten Schritt – oder eben nicht. Wurde der Vorschlag vom Vorstand abgelehnt, musste die letzte Phase wiederholt werden.

In dieser Zeit entwickelte ich ein richtiges Faible fürs Präsentieren. Nach vorne zu treten, machte mir richtigen Spaß. Du musstest eine Sache gut erklären und deine Methode verkaufen. Ich erinnere mich noch gut an die Diskussionen mit den Professoren, die natürlich berechtigte Fragen und Einwände hatten. Wenn man allerdings spontan und kreativ war, konnte man viele dieser Einwände schnell entkräften. Auch das habe ich in Steyr ganz gut gelernt: Dass man mit Schlagfertigkeit und dem nötigen Geschick auf eine Weise antworten kann, die so aussieht, als wäre man super vorbereitet gewesen …

Zur Kunst des Präsentierens

Präsentieren – also eine Idee, ein Produkt oder sich selbst zu verkaufen – ist, meine ich, eine enorm wichtige Bedingung für den Erfolg im Leben. Egal nämlich, wie gut du in einer Sache bist: Du musst dich gut präsentieren können und zum besten Verkäufer deiner selbst werden.

Eines der Bücher, die mich persönlich sehr geprägt und enorm beeindruckt haben, ist das Buch *Rich Dad Poor Dad* von Robert T. Kiyosaki. Die wichtigste Aussage in dem Buch ist die: Du kannst der beste Fachmann, der beste Autor, der beste Was-auch-immer sein und dein Studium in Mindestzeit mit Bestnoten bewältigt haben: Um erfolgreich zu sein, musst du ein großartiger Verkäufer werden. Wer das nicht ist, sollte ein Verkäuferseminar besuchen, um das Sich-selbst-Verkaufen zu lernen, oder zumindest jemanden in seinem Team haben, der diese Rolle übernimmt.

Ich bin überzeugt davon: Sich gut darstellen und präsentieren zu können, sind die Basics für den Erfolg im Leben. Leider zählt es zu den am meisten unterschätzten Skills: Jeder glaubt, dass er das eh irgendwie kann. Für die meisten Menschen ist es aber in Wirklichkeit ein ganz schwieriges Thema.

Auch Menschen in der Mitte ihrer Berufslaufbahn würde ich empfehlen, immer wieder in diese Form der Kommunikation zu investieren.

Lessons learned

In Steyr hatte ich – stärker als an jedem anderen Ort zuvor – das Gefühl, wirklich hinzugehören. Projektmanagement, präsentieren, wirtschaftlich denken und planen – all das machte mir ungeheuren Spaß. Ich habe sehr schnell gemerkt: »Wow, da bin ich daheim, das kann ich.«

Das Ganze wirkte sich natürlich sehr positiv auf mein Selbstvertrauen aus. Hatte ich davor immer wieder gezweifelt, ob ich am richtigen Weg sei – so haderte ich in Wieselburg mit meiner Motivation als potenzieller Landwirt und in Hagenberg mit meinen Fähigkeiten als Programmierer –, bemerkte ich jetzt, dass es für mein Bündel an Fähigkeiten offenbar dringenden Bedarf gab.

Mir wurde immer stärker bewusst, dass ich in den Jahren davor gelernt hatte, viele Sprachen zu sprechen und mich auf ganz unterschiedliche Menschen einzustellen: Ich beherrschte die Sprache des Technikers und des Ökonomen ebenso wie die Sprache des Landwirtes oder des Stahlarbeiters.

Noch etwas wurde mir bewusst: Ich war kein Spezialist, sondern ein Generalist. Auch das kommt in Ansätzen vielleicht bereits vom Bauernhof, wo man viel Unterschiedliches können und verstehen muss. Diese Eigenschaft, den Überblick zu bewahren und vieles zu einem gewissen Grad zu verstehen, benötigt man als Führungspersönlichkeit. Als CEO musst du sowohl Finanzen als auch Produkte begreifen. Du musst ein Gespür für deine Mitarbeiter haben, für Windows of Opportunity und für die richtige ökonomische Entscheidung zum richtigen Zeitpunkt. Bei all dem musst du noch die Kundensicht im Blick behalten.

So glücklich meine Studienwahl auch war – mit beiden FH-Lehrgängen hatte ich zwei wirklich gute Studien erwischt –, glaube ich dennoch, dass die Lehrinhalte fast zweitrangig sind, verglichen mit den Fähigkeiten, die man während des Studiums so nebenbei aufliest. Meiner Erfahrung nach bedeutet Input immer auch Output: Wenn du mehr in dich selbst investierst als andere, dann wird sich das auch lohnen (oftmals nicht kurzfristig, aber ganz sicher mittelfristig).

Aus heutiger Sicht hätte ich mir in meinem Leben jemanden gewünscht, der mir schon früher die Augen geöffnet hätte. Jemanden, der mir gesagt hätte: »Nicht die besten Noten sind entscheidend, um etwas zustande zu bringen. Sondern dass du entdeckst, was deine Leidenschaft ist und wie du diese zu deiner Berufung machen kannst.«

Ich selbst hatte nie die besten Noten und war lange geplagt von Selbstzweifeln. In dieser Situation wäre es gut gewesen, jemanden zu haben, der einem die Angst der jungen Jahre nimmt. Einen Mentor, der sich die Zeit nimmt, Stärken und Schwächen, Ziele und Sorgen konsequent zu analysieren.

Wer weiß, wie ich meine Ausbildung angelegt hätte mit so einer Beratung oder so einem Mentor an meiner Seite?

Philosophische Randnote: Es wäre interessant, könnte man zu den Kreuzungen im Leben zurückgehen, um Alternativen auszuprobieren. Einen Lebensabschnitt zweimal durchmachen, mit etwas anderen Schlüsselentscheidungen? Wäre das nicht etwas? Aber diese Möglichkeit ist uns leider verwehrt.

START IT UP:
WIE ES MIT RUNTASTIC BEGANN

Ein Beisl in der Solarcity

Ich sitze an diesem Nachmittag gerade in der Küche bei meinen Eltern auf dem Bauernhof, als mich ein Anruf von René erreicht. Vollkommen unerwartet. Wir waren während des Studiums ja nie besonders eng gewesen. Im Gegenteil. »Florian, du wolltest dich doch schon immer selbstständig machen«, überrascht mich René am Telefon: »Ich hätte da eine Idee.«

Natürlich war ich gleich neugierig und gerade in einer sehr offenen Stimmung für frische Ideen und Gelegenheiten. Im Herbst 2008 hatte ich die Fachhochschule in Hagenberg erfolgreich abgeschlossen, das berufsbegleitende Masterstudium in Steyr lief noch. Nach Bewerbungsgesprächen mit einigen Unternehmen heuerte ich schließlich bei einer Linzer Softwarefirma an, wo ich im Projektmanagement tätig war. Es ging darum, Kassenlösungen für Telekommunikationsunternehmen zu implementieren. Für den Job reiste ich unter anderem nach Katar, Dubai oder München, wo ich mit lokalen Programmierern und Projektmanagern zusammenarbeitete.

Obwohl mich der Job interessierte und mein direkter Vorgesetzter ein feiner Kerl war, der große Stücke auf mich hielt, wollte sich bei mir keine hundertprozentige Zufriedenheit einstellen. Das lag nicht zuletzt an der Unternehmenskultur, die ich als sehr hierarchisch und einigermaßen verkrustet wahrnahm.

Ich hatte bereits nach einigen Monaten dem Eigentümer des Unternehmens eine E-Mail mit verschiedenen Verbesserungsvorschlägen geschickt. Die Reaktion darauf fiel allerdings alles andere als positiv aus. Die Chefetage fühlte sich offenbar brüskiert. Statt über den Tellerrand hinauszuschauen, solle ich mich doch bitte auf meinen eigenen Teller konzentrieren, wurde mir ausgerichtet, da läge nämlich bereits genug darauf.

Trotz guten Gehaltes, vieler Dienstreisen und eines eigenen Dienstautos verstärkte sich das Gefühl, mich in diesem Job nicht optimal entwickeln zu können. Also hielt ich weiterhin die Augen nach anderen Jobperspektiven beziehungsweise möglichen Geschäftsideen offen und verwarf niemals den Wunsch, mich eines Tages selbstständig zu machen.

Genau in dieser Stimmung erreichte mich Renés Anruf. Schon wenige Tage später trafen wir einander in der Linzer Solarcity, wo René seit ein paar Jahren mit seiner Frau in einer Wohnung lebte.

Die Solarcity ist ein geplanter Stadtteil in Linz-Ebelsberg, errichtet in den 1990er-Jahren. Hier sollte nachhaltiges Wohnen zu vergleichsweise günstigen Kosten ermöglicht werden. 4000 Menschen wohnen heute hier in verschiedenen Mehrparteienhäusern in Niedrigenergiebauweise. An den Fassaden ist viel Holz, das heute schon ziemlich in die Jahre gekommen ist. René und seine Frau zogen im Oktober 2006 hierher. Damals war alles noch recht neu und sehr modern.

Es ist ein warmer Herbstnachmittag im Oktober 2008. Die Sonnenschirme über dem Schanigarten auf dem »Dorfplatz« in der Mitte der Solarcity sind aufgespannt. Eingefasst wird der Platz von den Verwaltungsgebäuden der Solarcity. Auch eine Bibliothek, Supermärkte und Arztpraxen sind hier untergebracht. Es gibt ein paar Restaurants und Imbissstände und die Cafeteria *La Luna*, wo wir einander treffen.

René ist kurz vor mir gekommen und sitzt schon unter einem der Sonnenschirme. Er trägt kurze Cargopants, ein T-Shirt und sieht genauso aus wie in der Schule. Wir bestellen jeder ein Seidel Bier. Dann kommt René gleich zur Sache. »Du erinnerst dich sicher an unser Schulprojekt mit den Segeljachten«, sagt er. »Daraus wollte ich eigentlich mit Christian ein Business machen. Nur geht Christian jetzt zu Tomtom nach Amsterdam, weil er nicht mehr wirklich an das Business glaubt.«

World Sailing Games

Bei dem Schulprojekt, auf das mich René ansprach und das er und Christian zum Inhalt ihrer Masterarbeit gemacht hatten, ging es um das GPS-Tracking von Segeljachten: Bei den World Sailing Games am Neusiedler See – immerhin die wichtigste derartige Segelregatta nach den Olympischen Spielen – statteten die beiden die Boote der Teilnehmer mit GPS-Trackern aus und ermöglichten so – eine Weltneuheit damals! – das exakte Mitverfolgen der Positionen der Boote. Eine großartige Sache auch deshalb, weil das Mitverfolgen einer Regatta an und für sich eine todlangweilige Angelegenheit ist. (Wenn man sich nicht gerade selbst an Bord einer Rennjacht befindet und an einer Winsch kurbelt.)

Christoph Schaffer, unser Studiengangsleiter in Hagenberg, hatte eine entsprechende Anfrage von den Organisatoren der World Sailing Games im Jahr 2006 erhalten: Ob sich die Studierenden des Instituts für Mobile Computing nicht einmal mit dem Thema Tracking befassen wollten? Ziel war das Schaffen einer 3-D-Visualisierung. Schaffer initiierte zu dem Thema dann gleich ein großes Projekt, an dem sich einige Studenten beteiligten – darunter federführend René und Christian. Schaffer setzte sich intensiv für das Projekt ein. In der Folge stellte Schaffer auch den Kontakt zum oberösterreichischen Hightechinkubator Tech2b her.

René und Christian brachten die Technologie dann gleich ein zweites Mal bei der Mühlviertelrallye mit Manfred Baumann zum Einsatz, um die Rallyefahrzeuge zu tracken. Die Website zu diesem Projekt gibt es übrigens heute noch: http://msports.at/.

Obwohl wir uns mit Runtastic später weit weg von dieser Idee entwickelten, legten sie doch mit dem GPS-Ortungstool in gewisser Hinsicht den technologischen Grundstein für unser späteres Unternehmen. Was zum Zeitpunkt des Uniprojektes natürlich fehlte, war ein wirtschaftlich funktionierendes Konzept. Denn so gut diese Ideen und deren technische Umsetzung auch waren: Weder bei den Seglern noch bei den Autorennen ist damals in Österreich Geld zu verdienen gewesen.

Immerhin gab es bereits die Kontakte zu den Start-up-Fördertöpfen. Und von Tech2b war sogar noch eine gewisse Summe – ich glaube, es waren 30.000 Euro – übrig, die wir gleich in unser neues Projekt übernehmen konnten, was unser persönliches wirtschaftliches Risiko beträchtlich reduzierte.

»Ich mache die Technik, du das Business«

Um mich an Bord zu holen, brachte René während unseres Treffens im *La Luna* einen Vorschlag, der sofort nach meinem Geschmack war: Er würde die gesamte Technik und Entwicklung übernehmen. Meine Aufgabe würde der Verkauf des Produktes, dessen Vermarktung und die Businessaspekte sein. »Ich weiß, dass ich ein guter Programmierer bin«, sagte René, »aber eines bin ich ganz sicher nicht: ein guter Verkäufer.«

Es war ein offenes Gespräch, und wenngleich es an unserer Beziehung zueinander vorerst nicht viel änderte, fühlte es sich grundsolide an. Nicht dass ich da jetzt die größten Hoffnungen hineingesteckt hätte, ich wusste jedoch, wie gut René im Programmieren war, und die Idee hatte Potenzial.

Interview mit René Giretzlehner

Zur Person:

René Giretzlehner ist heute System Integrations Architect bei Runtastic. Florian und er lernten einander an der FH in Hagenberg kennen. Der Herzbluttechniker und Autonarr ist ein begnadeter Programmierer, der mit seiner Idee, Segeljachten mit GPS-Sendern auszustatten, in gewisser Hinsicht den technischen Ausgangspunkt für Runtastic geschaffen hat. Heute ist der Vater eines eineinhalbjährigen Sohnes bei Runtastic zuständig für die Verwaltung, die Verarbeitung und die Integration von Daten, damit die verschiedenen Unternehmensdivisionen damit arbeiten können.

Wie ist es dir nach dem ersten Treffen mit Florian gegangen?
Ich bin aus unserem Treffen rausgegangen mit dem Gefühl: Flo ist an Bord. Sehen wir mal, wohin das führt und ob wir irgendwo landen. Ich habe gewusst, dass Christian und ich alleine da einfach nicht weiterkommen. Es braucht in einem Unternehmen Visionäre und Macher: Programmierer, die technisch wissen, was sie tun, so wie Christian und mich, und Menschen mit Businessverständnis, die wirtschaftliche Entscheidungen treffen können, so wie Florian einer ist.

Hast du auf der Suche nach potenziellen Geschäftspartnern auch andere angerufen? Oder nur Florian?
Nur Flo. Er war der einzige Mensch, den ich gekannt habe, der wirklich gut reden und verkaufen konnte. Als Christian gesagt hat, dass er zu Tomtom gehen will, bin ich mit dem Projekt alleine dagestanden. Dabei gab es noch ein bisschen Geld dafür aus dem Gründerservice, mit dem man etwas anstellen

hätte können. Zwei, drei Tage lang hatte ich keinen Plan. Ich habe mir dann eingestanden, dass ich das alleine nicht hinkriegen würde. Ich bin Herzbluttechniker. Präsentieren oder verkaufen – das bin nicht ich. Als ich überlegt habe, mit wem ich mich zusammentun könnte, war dann – komischerweise – mein erster Gedanke Florian. Komischerweise deshalb, weil ich mit ihm während des Studiums überhaupt nicht eng war. Aber er war der Einzige, der so extravertiert und auffällig war. Bis heute würde mir kein Zweiter einfallen, der ähnliche Skills oder ein ähnliches Auftreten hätte.

Warum wart ihr während des Studiums nicht enger befreundet?
Keine Ahnung. Wahrscheinlich hat es immer Alternativen für mich und für ihn gegeben. Nur: Wie wir dann da draußen im Schanigarten gesessen sind, habe ich sehr schnell einen anderen Blick auf ihn bekommen. Er war offen. Er hat alles mit Interesse aufgenommen. Auch nach dem Gespräch waren wir nicht unbedingt best Friends, aber ich habe gewusst, wir können in dieselbe Richtung streben.

Mit welchem Argument hast du ihn an Bord geholt?
Zwei Sachen haben ihm – glaube ich – gefallen: Dass ich ihn daran erinnert habe, dass er immer schon selbstständig sein wollte. Und dass ich ihm gesagt habe, ich würde mich auf die Technik konzentrieren und die Businessentscheidungen, das Verkaufen und Präsentieren alles ihm überlassen.

Wie hat sich das Verhältnis zwischen dir und Florian in den nächsten Monaten und Jahren verändert?
Je länger ich ihn kenne, desto mehr schätze ich ihn als Mensch und als Freund. Er gibt für das Team 1000 Prozent. Ohne

Wenn und Aber. Und wenn er sagt: Das machen wir, dann gibt es nur das. Florian sieht uns als Einheit. Jeder Gründer, der etwas macht, macht das nicht in erster Linie für sich selbst, sondern für alle. Wenn es Entscheidungen gibt, lautet die Devise immer: Founder first, Individuum second.

Ihr beide habt auch den Ehrgeiz gemeinsam, oder?
Was den Ehrgeiz angeht, sind wir einander tatsächlich sehr ähnlich. Einmal sind wir vier Gokart fahren gegangen. Da hatten Florian und ich das Messer zwischen den Zähnen. Flo hat einen Tick mehr Killerinstinkt beim Rennfahren. Gegen ihn zu gewinnen, ist ganz, ganz schwierig. Aber wir sind beide gleich stark motiviert. Das ist übrigens auch ein großer Unterschied zu Christian und Alfred. Die interessiert das Gokartfahren gar nicht. Die haben uns kopfschüttelnd eben überholen lassen – kampflos. Florian und ich sind da anders.

Was war der größte Konflikt, den ihr je miteinander hattet?
Um ganz ehrlich zu sein: Unter uns vieren hat es nie einen Konflikt gegeben, der uns länger als einen Tag beschäftig hätte. Dafür respektieren wir einander viel zu sehr. Auch die Aufgabenverteilung hat von Anfang an gepasst. Jeder wusste, er kann sich auf den anderen verlassen.

Die anderen Gründer sagen von dir, dass du dich über die Jahre stark verändert hast. Was meinen sie damit?
Ich war früher sehr jähzornig und ungeduldig, konnte bei Kleinigkeiten die Nerven verlieren. Ich konnte einfach nicht verstehen, warum jemand anderes etwas nicht verstehen konnte, das mir so glasklar war. Jetzt passiert mir das nur mehr einmal im Jahr.

Wann ist es zuletzt passiert?

Vor drei Wochen. Grund war ein Umbauprojekt bei unserer Wohnung in Spanien. Da ist uns versprochen worden, dass wir eine bestimmte Genehmigung innerhalb von zwei Stunden bekommen würden. Gedauert hat es dann über eine Woche. Das hat mich auf die Palme gebracht. Ich kann das innerlich nur ganz, ganz schwer akzeptieren. Aber verglichen mit früher habe ich es ganz gut hinbekommen. *(lacht)*

Was hat dir geholfen, ruhiger zu werden?

Ich hatte sehr viel Unterstützung von den anderen Gründern, das ist das eine. Das andere hat mit meiner persönlichen Geschichte zu tun. Da hat es Ereignisse gegeben, die mich gezwungen haben, einiges zu überdenken. Ich komme ja aus einem ländlichen Umfeld. Leistung und Bescheidenheit waren in meiner Familie die bestimmenden Werte. In der Schule habe ich mir immer leichtgetan. Genauso damit, hart für eine Sache zu arbeiten. Vor fünf Jahren ist dann meine Mama an Krebs gestorben. Das war für mich eine große Lehre, weil mir klar geworden ist, dass ich im Hier und Jetzt leben muss. Ein Jahr später habe ich selbst Hodenkrebs bekommen. Noch ein Moment, der mein Leben verändert hat. Die Krankheitserfahrung hat mich sehr geprägt – und viele andere Dinge auch.

Wie sind die Gründerkollegen mit deiner Krankheit umgegangen?

Sie haben mich ohne Wenn und Aber unterstützt. Ich war damals drei Monate lang außer Gefecht. Es hat keine Sekunde lang eine Diskussion darüber gegeben, ob das ginge oder nicht. Ich habe damals gelernt, dass ich mich auf die anderen zu 1000 Prozent verlassen kann.

Wie hat dich Runtastic sportlich geprägt?

Ursprünglich bin ich kein Läufer, sondern ein Fahrradnarr. Ich habe Laufen gehasst. Mittlerweile laufe ich sehr gerne – was natürlich an Runtastic liegt. Ich bezweifle, dass ich jemals ein Marathonläufer werde, aber mit den sechs bis zwölf Kilometerdistanzen komme ich gut zurecht. Das Radfahren – ich fahre gern Rennrad, auch die 60 Kilometer hin und von der Arbeit – mag ich, weil man mehr von der Natur mitbekommt. Das Laufen ist das Beste, um den Kopf freizukriegen. Natürlich freut es mich, dass ich auf dem Runtastic-Leaderboard in der Founderliste ganz vorne bin. *(lacht)*

Hat der Verkauf von Runtastic deinen Umgang mit Geld verändert?

Anfangs hat sich gar nichts verändert, weil man nicht begreift, was das heißt. Da hast du sogar mehr Angst als zuvor, wenn es ans Geldausgeben geht: Es könnte ja weniger werden! Man lernt erst nach und nach, Geld auszugeben, dort, wo es sinnvoll ist. Ich bin von meiner Veranlagung her ja eher der Geizhals und spare Geld für die großen Dinge. Schon als kleines Kind habe ich über meine Finanzen genau Buch geführt. Bis heute halte ich es nicht aus, das Konto zu überziehen. Zinsen kann ich irgendwie nicht akzeptieren.

Florian hat da einen anderen Zugang. Der wird eher nervös, wenn er auf seinem Tageskonto einen Plusstand hat. *(lacht)* Er hat auch – richtigerweise – zu uns gesagt: »Es bringt nix, wenn wir das Geld, das wir verdienen, bis zum Lebensende ansparen und reich sterben.« Ich versuche jetzt, die Möglichkeiten auch zu nutzen. Und ab und zu gebe ich auch für einen Blödsinn Geld aus. Ich bin sehr autoaffin, da ist die Hemmschwelle aus irgendeinem Grund für mich geringer. Auch da brauche ich aber nicht 100 Autos. Ich will die Dinge benutzen. Ein flotter

Wagen für den Sommer, einer fürs ganze Jahr. Und jedes Mal, wenn ich einsteige, freue ich mich wie ein kleines Kind.

Zum Abschluss: deine drei Tipps für Start-ups!
Erstens: Wenn die Idee da ist, einfach einmal anfangen und nicht lange überlegen. Das gilt vor allem für junge Gründer. Das Schlimmste, was passieren kann, wenn das Unternehmen kracht, ist der Gewinn von Erfahrung. Ich würde meinen, dass ein Gründer innerhalb eines Jahres so viel Erfahrung macht wie ein Angestellter in zehn Jahren.
Zweitens: Umfallen, aber aufstehen und weitermachen. Immer wieder versuchen. Auf der letzten Meile sind nicht mehr so viele Leute unterwegs.
Drittens: Nicht alles alleine machen. Wie die Kompetenzen unter den Leuten verteilt sind, ist eine Schlüsselfrage. Du brauchst Sparringpartner, auf die du dich verlassen kannst. Und du solltest dich auf den Teil fokussieren, den du gut kannst. Nur eine Alphapersönlichkeit im Team, und das ist – im Idealfall – der Businesstyp. Vier ist dabei eine gute Gründungspersonenanzahl, weil man sich mit dem Diskutieren leichttut. Entscheidungen zu treffen, war bei uns immer schnell möglich. Es gibt keine Pattsituation. Und wenn, dann meistens mit gutem Grund.

Ein verspäteter Start

Bis es mit Runtastic so richtig losging, dauerte es freilich noch. René musste zunächst einmal seinen Zivildienst absolvieren, den er auf einen Zeitpunkt nach dem Studium aufgeschoben hatte. Im Herbst 2008 begann er, am Empfang im AKH-Linz zu arbeiten. Nebenbei programmierte er kleinere Projekte für verschiedene

Auftraggeber und nutzte jede Gelegenheit im Nachtdienst, ein paar Zeilen Code zu schreiben. Für den Aufbau eines neuen Unternehmens hatte er verständlicherweise wenig Zeit.

Wir trafen einander dennoch während des Winters immer wieder. Manches Mal in der Solarcity, manches Mal auch auf dem Hof meiner Eltern, um die Runtastic-Idee, die damals noch nicht so hieß, weiterzuentwickeln. Sehr bald war für mich klar: Wenn wir mit dem GPS-Tracking Geld verdienen wollten, mussten wir es auf den Breitensport übertragen. Und was hätte besser gepasst als das Laufen?

Das Team formiert sich

In diese Zeit fiel auch ein Ereignis, das unser Team weiter verstärken würde: Christian, der eigentlich im Februar seinen Job als GPS-Techniker und Programmierer bei Tomtom, dem niederländischen Hersteller von Navigationssystemen, hätte antreten sollen, kam die Wirtschaftskrise in den Quere. Der Vertrag war bereits fix und fertig ausgehandelt und unterzeichnet – sogar die Abschlussparty hatten wir schon gefeiert –, als Christian am 20. Januar nur wenige Tage vor seinem Umzug nach Amsterdam die Absage bekam. Das Unternehmen hatte konzernweit einen Aufnahmestopp verhängt – eine Reaktion auf den Einbruch der Finanzmärkte nach dem Platzen der Immobilienblase in den USA.

Für Christian war das natürlich total mühsam. Der Vorteil dabei: Er konnte bei einem unserer Treffen im Februar dabei sein und doch noch bei Runtastic einsteigen.

Ziemlich bald, nachdem mir René von der Geschäftsidee erzählt hatte, besprach ich das Ganze auch mit Alfred Luger, meinem Studienkollegen damals. Wir fuhren ja jede Woche gemeinsam in die FH Steyr und machten immer wieder Studentenprojekte miteinander. Regelmäßig saßen wir freitagabends bei Bier – beziehungsweise er bei Spritzer weiß – in unserem Stammlokal *Schillers* in der Stadt Haag. Er fand die Idee auf Anhieb ziemlich gut und kam bald zu einem unserer Treffen in Renés Wohnung mit. Für uns war er als Betriebswirt natürlich eine großartige Ergänzung. Damit war unser Quartett komplett.

Interview mit Alfred Luger

Zur Person:

Alfred Luger ist einer der vier Mitgründer von Runtastic und der »Zahlenguru« im Viererteam. Heute ist der Betriebswirt als CFO für Bilanzen und Personal bei Runtastic zuständig. Er war derjenige, der Runtastic früh ein – zu Anfangszeiten – fantastisches Wachstum voraussagte.

Woher kommt dein Interesse für Zahlen und für das Wirtschaften?
Wenn ich mich selber vorstelle, dann meistens als eine »Chartsperson«. In Rechnungswesen und Mathematik war ich immer recht gut, und ich habe mich generell immer für das Wirtschaftliche interessiert, anfangs allerdings eher mit Fokus auf Marketing. Später sind dann Personal- und Organisationsentwicklung dazugekommen. Bei Runtastic sehe ich mich als so etwas wie einen Cultural Guard. Ich bin für die Finanzen und – weil das unser größter Kostenpunkt ist – für das Personal zuständig. Ich halte es dabei für extrem wichtig, dass es den Leuten gut geht. Das muss jetzt nicht heißen, dass immer alle best Friends sind. Das Team muss an erster Stelle stehen. Großartige Teams machen großartige Produkte, die von den Kunden gekauft werden. Und am Ende des Tages steht dann ein Gewinn.

Wie bist du bei Runtastic eingestiegen?

Florian hat mir zum ersten Mal im November oder Dezember 2008 von dem Projekt erzählt. Wir haben ja an der FH Steyr miteinander studiert und oft gemeinsame Projekte umgesetzt. Besonders Entrepreneurship hat uns beide fasziniert, und wir haben uns sehr intensiv diesem Thema gewidmet. Das 3-D-Bodyscanner-Projekt für Maßkleidung war auch so eine Geschäftsidee, an der wir gemeinsam gearbeitet haben. Als René versucht hat, Florian für sein Sport-Tracking-Projekt zu gewinnen, hat mir Florian in einer unserer Freitagabendsessions nach der FH davon erzählt. Er hat mich dann ziemlich bald gefragt, ob ich nicht vielleicht auch Lust hätte mitzumachen, weil ich mich als Kaufmann beim Erstellen von Businessplänen ja ganz gut auskenne. Für mich hat das sofort sehr spannend geklungen.

Du warst sofort an Bord?

Ich habe gesagt: »Ich bin dabei, wenn alle Gründer gleichberechtigt sind« – also auch die, die später dazugekommen sind. Im Web 2.0 für Sportler habe ich eine großartige Business Opportunity gesehen. Obwohl ich – zu diesem Zeitpunkt – selbst nicht einmal der ambitionierteste Sportler war und obwohl wir am Anfang von einem ganz anderen Konzept, nämlich der Ausrüstung von Laufstrecken mit Sensoren, ausgegangen sind. Aber der Moment war für mich auch persönlich günstig. Flo und ich waren damals gerade dabei, unser zweites Studium abzuschließen. Ich hatte zwar seit drei Jahren einen Job als Assistent der Geschäftsführung bei einer 50-Mann-Firma, aber ich wusste: Ich will mich möglichst bald verändern.

Kannst du dich an euer erstes Gespräch zu viert erinnern?

Unser erstes Treffen zu viert war dann – glaube ich – im

Februar 2009 in Renés Wohnung in der Solarcity. Ich habe daran eine sehr nette Erinnerung. Wir sind in seinem Wohnzimmer an einem winzigen Esstisch gleich einmal für drei Stunden zusammengesessen. Es muss gegen 15 Uhr gewesen sein. Es war sofort eine Basis zwischen uns vieren da, und ich hatte das Gefühl, ich kann wirklich etwas beitragen. Ziemlich bald habe ich auch erkannt, dass René und Christian technisch wirklich begabt sind.

Mit welchem Ergebnis seid ihr aus dem ersten Treffen gegangen?
Jeder hat die eine oder andere Aufgabe zu lösen mitbekommen. Ich habe mich auf das Verfassen des Businessplans konzentriert. Im März sind wir dann wirklich gestartet. Für mich hat das geheißen: Bildungsurlaub anmelden. Mein Chef damals hat gewusst, dass ich den Job runterfahren würde, um die Masterarbeit fertigzustellen. Ich habe ihm dann auch gleich gesagt, dass ich kündigen würde. Ab Juli war ich dann nur mehr auf Consultingbasis im alten Job.

Es heißt, du hast von Anfang an sehr optimistisch kalkuliert. Wann hast du gewusst, dass Runtastic richtig, richtig groß werden kann?
Ich habe mich immer extern orientiert. Über Seiten wie *Techcrunch* und dergleichen habe ich unglaublich viel über Erfolgsstorys von Start-ups gelesen. Natürlich war ich dadurch total beeinflusst. Wahrscheinlich haben wir uns von diesen Erfolgsgeschichten auch ein bisschen blenden lassen. Aber ich habe mir immer gedacht, wenn das anderswo möglich ist, warum sollen wir das nicht ebenfalls können? Wann es klar war, dass Runtastic richtig groß wird, ist eine schwierige Frage. Es hat nicht den einen Tipping Point gegeben. Vielleicht am

ehesten den 8. Juli 2010, als wir eine Free-App-Kampagne gemacht haben: Einen Tag später hatten sich unsere Userzahlen plötzlich verdoppelt: von 100 000 auf 200 000. Dabei hatten wir nur einfach mal schnell etwas ausprobieren wollen.

Habt ihr ab dann eure finanziellen Ziele immer höhergesteckt?

Wir haben die Ziele immer relativ hoch gehabt. Da steckte natürlich auch Optimismus dahinter. Ich bin aber generell immer gut damit gefahren, mir hohe Ziele zu setzen. Wohl wissend, dass sie oft sehr ambitioniert sind. Ich habe mich aber nie als gescheitert betrachtet, wenn ich dann nicht die 100, sondern nur 90 oder 95 Prozent geschafft habe. Ich weiß, dass es in vielen Konzernen die Philosophie des *Underpromise and overdeliver* gibt. Aber diese Idee sagt mir überhaupt nicht zu. Ich finde es genau andersrum besser. Im Business ebenso wie im Sport.

Sport ist ein gutes Stichwort: Runtastic hat viel in deinem Leben verändert, oder?

Anders als bei Flo, dessen Leben sich immer um Sport gedreht hat, war das bei mir ganz anders. Ich war nicht dick, und ich habe schon ab und zu Fußball gespielt, aber drei Trainings pro Woche? Nie im Leben. Erst mit Runtastic habe ich zu laufen begonnen. Als 30-Jähriger bin ich meinen ersten Halbmarathon gelaufen, ein Jahr später meinen ersten Marathon. Jetzt trainiere ich gerade für den Triathlon. Gerade habe ich mich für meinen ersten Ironman angemeldet, diesen Sommer in Klagenfurt.

Wie viel trainierst du in der Woche?

Im Moment sechs bis acht Stunden. Eigentlich sollten es 12 bis 15 Stunden sein.

Die anderen Gründer haben gesagt, wenn es im Team Konflikte gegeben hat, dann am ehesten zwischen dir und Florian. Was waren das für Konflikte?

Selbstverständlich gibt es immer wieder unterschiedliche Auffassungen. Was treibt Performance an? Ist es der Mensch selbst? Braucht es eher Druck oder Vertrauen? Wie viel Kontrolle ist notwendig? Flo und ich haben bei inhaltlichen Themen oft andere Zugänge. Wir hatten immer wieder auch sehr laute Diskussionen. Aber die sogenannten Konflikte spielten sich immer auf der Sachebene ab. Ich habe bei meinem ersten Job gesehen, wie zerstörerisch es sein kann, wenn Geschäftsführer und Stellvertreter gegeneinander arbeiten und wenn Kampf und die Profilierungssucht Einzelner das Unternehmen behindern. Mir ist damals klar geworden, wie viel möglich ist, wenn man mit solchen Kämpfen keine Energie vergeudet. Ich finde es gut, dass wir heterogen sind und für unsere Positionen kämpfen, aber am Ende arbeiten wir alle für dieselbe Sache.

Zur Frage, wie man Performance erhöht: Wer vertritt da welche Position?

Bei mir stehen Freiheit und Vertrauen im Vordergrund. Florian setzt mehr auf Grenzen und die Einhaltung der Spielregeln. Flo ist der Strengere. Er ist der viel bessere Bad Cop als ich.

Aus Sicht des Betriebswirtes: Was habt ihr richtig gemacht? Wo hätte es noch Verbesserungspotenzial gegeben?

Wir haben immer genau darauf geschaut, dass wir Umsatz erwirtschaften und profitabel sind. Unser Kalkül dabei war, niemals abhängig zu sein. Ein Investment haben wir nur dann getätigt, wenn wir es uns auch leisten konnten. Ich glaube, dieser Zugang war der richtige. Natürlich hätten wir unter Umständen noch strenger auf die Effizienz schauen können, um die Kosten niedriger zu halten, aber in Summe hat sich das richtig angefühlt. Vielleicht haben wir in der Anfangsphase zu schnell Mitarbeiter aufgenommen. Da sind wir inzwischen ein bisschen defensiver geworden. Auch mit unseren privaten Investments sind wir jetzt vorsichtiger. Wir würden natürlich gerne anderen Start-ups beim Aufbau helfen, aber wir dürfen uns nicht zu viel aufhalsen, weil sonst Runtastic darunter leidet. Jedes Investment geht zulasten der eigenen Freizeit, der Beziehungen und nimmt letztlich Fokus vom eigenen Unternehmen.

Deine Empfehlung für andere Gründer?
Vernetz dich mit Gleichgesinnten, die Ähnliches durchmachen oder durchgemacht haben. Glaub an dich, dann ist alles möglich. Und: Tu es nicht des Geldes wegen. Wenn du es nur des Geldes wegen machst, wirst du mit hoher Wahrscheinlichkeit scheitern.

Namensfindung

Eines Abends saßen wir zusammen und sprachen verschiedene Punkte durch. Offen war zu diesem Zeitpunkt – es muss März oder April 2009 gewesen sein – auch immer noch unser Firmenname. Mit dem alten Namen des Projektes, M-Sports, waren wir nicht wirklich zufrieden. Wir überlegten hin und her, fanden aber nichts wirklich Gescheites. Also vertagten wir das Thema, um weiter darüber nachzudenken und auch um mit unseren Freundinnen und Bekannten darüber zu sprechen.

Die Idee, das Unternehmen »Runtastic« zu nennen, kam dann von Christians Freundin Vicky, die Medientechnik und Design studiert hatte. Sie entwarf auch gleich ein paar Logos dazu: Ihre erste Grafik hatte sogar noch einen Letter U im Wort, der wie eine

Laufstrecke ausgestaltet war. Wir alle fanden die Idee genial, sowohl die für die Marke als auch die für das Logo, und schauten bei *whois.com* nach, ob die Domain noch frei war. Die .at-, .de- und die .eu-Domains waren tatsächlich noch zu haben. Die .com-Adresse – im heutigen Geschäftsleben für ein internationales Unternehmen unverzichtbar – war allerdings vergeben. Nur störte uns das damals nicht, schließlich hatten wir keine Ahnung, wie es mit Runtastic weitergehen würde.

Aus heutiger Sicht war das natürlich ein übles Versäumnis. Kein Gründer heutzutage würde einen Namen wählen ohne die passende .com-Domain. Glücklicherweise bekamen wir die .com-Domain dann ein Jahr später doch noch. Wir schrieben den Besitzer an und sagten ihm, wir bräuchten die Adresse für ein Studentenprojekt. Er verkaufte sie uns dann für 500 Euro: ein Schnäppchen. Ein paar Jahre später wird er sich vermutlich geärgert haben.

Florian kündigt

Jetzt muss man wissen, dass wir in der Anfangszeit alle – bis auf Christian natürlich, der hing noch in seiner Tomtom-Depression – Jobs hatten. René hatte nach dem Zivildienst bei einer Softwarefirma in Linz-Leonding angeheuert, um dort Apps für Smartphones zu entwickeln. Ich betätigte mich weiterhin als Projektmanager. Alfred war dabei, seine Arbeit zurückzufahren, befand sich aber ebenfalls noch mit einem Fuß in seiner alten Firma. Es war eine ungeheuer intensive Zeit: Tagsüber arbeiteten wir oder schlossen unsere Studien ab, während nächtlicher Treffen feilten wir am Konzept für unser Unternehmen.

Trotzdem war mir klar, dass wir – wenn wir unser eigenes Geschäft ernsthaft anpacken wollten – unsere Jobs so bald wie möglich kündigen müssten, und das habe ich meinen Gründerkollegen auch gesagt.

Gesagt, getan. Ich marschierte zu meinem Vorgesetzten, mit dem ich ein ausgezeichnetes Verhältnis hatte. Er war gerade Familienvater geworden. Ich wusste, dass er meine Arbeit schätzte und gehofft hatte, dass ich ihn auch in Zukunft unterstützen würde. Mich jetzt plötzlich gehen zu lassen, war für ihn natürlich nicht einfach. Trotzdem akzeptierte er meine Entscheidung sofort. Er merkte einfach, wie wichtig es für mich war, mein eigenes Ding auszuprobieren, und sprach mir Mut zu.

Ganz anders allerdings fiel dann mein Gespräch mit dem Seniorchef aus. Als er von meiner Kündigung erfuhr, zitierte er mich zu sich ins Büro, das im hintersten Eck des Bürokomplexes untergebracht war. Die Tür zu seinem Office: immer geschlossen. Nur selten verschlug es gewöhnliche Mitarbeiter dorthin.

Sobald ich den Raum betreten hatte, wurde er sehr laut und sehr emotional. Er erklärte mir in einem – anfangs sehr cholerischen – Gespräch, dass uns unser Weg nicht in die Selbstständigkeit führen würde, sondern geradewegs in den Abgrund. An meinen – für ihn so absurd klingenden – Gründungsplänen sei wohl auch der Lehrplan der Fachhochschule Steyr schuld, die uns solche Flausen in den Kopf setze: »Die sollten euch in Steyr besser beibringen, wie man in Konkurs geht. Denn dieses Wissen werdet ihr bald dringend brauchen.«

Mit der Zeit beruhigte er sich ein wenig und wurde versöhnlich. Am Ende unseres Gespräches meinte er dann gönnerhaft: »Ist ja eh egal, du kannst nach drei Monaten ruhig wieder zurückkommen. Reisende soll man ziehen lassen.«

Irgendwie war das – glaube ich – nett gemeint. Aber mich ärgerte es dennoch, weil ich die Art, wie er die Worte formuliert hatte, als herablassend empfand. Dennoch motivierte mich dieses Gespräch. In dem Sinne nämlich, als ich mir dachte: »Ich komm sicher nicht mehr zurück! Dir werde ich es auch noch zeigen.«

Es war wieder dasselbe Underdoggefühl, das mich schon als Fußballspieler für den FCU Strengberg motiviert hatte. Als Underdog eingestuft zu werden, kann ein großer Vorteil sein. Auch dort, als ich als ein um zwei Jahre jüngerer Bub mit den 14-Jährigen spielte, nutzte es mir, dass mich die gegnerische Mannschaft oft unterschätzte.

Ungewisse, aber nicht unsichere Zukunft

Als ich meinen Eltern von unseren Plänen erzählte, ein eigenes Unternehmen zu gründen, sorgte das ebenfalls für einen Schock. Endlich hatte der Bub einen guten Job und gerade ein neues Firmenauto bekommen, und was tat er? Er kündigte, weil er irgendetwas machen wollte, das sowieso keiner verstand. So oder so ähnlich war die erste Reaktion meiner Eltern.

Verunsichert war ich deshalb trotzdem nicht. Es war eine ungewisse Zukunft, in die wir uns bewegten, aber keine unsichere. Warum ich das so empfand? Weil das Team passte. Zwei hervorragende Programmierer saßen mit im Boot, und mit Alfred hatten wir jemanden, der sich hervorragend mit Finanzen auskannte. Meine Stärke bestand darin, die Leute zusammenzubringen, hinter einer Idee zu vereinen und das beste Produkt zu entwickeln.

Die Absagen

Als der Businessplan feststand und wir wussten, dass wir rund 200.000 Euro brauchen würden, um einen guten Start zu haben, begaben wir uns auf die Suche nach Investoren. Egal mit wem wir damals redeten, die Antwort war immer dieselbe: »So ein Blödsinn, das wird nicht funktionieren. Macht lieber etwas Gescheites.«

Viele Neins kamen von wirklich guten Leuten. Tenor damals: Für ein Gadget, das es Läufern ermöglichte, ihre Strecken aufzuzeichnen, via GPS mitzuverfolgen und auf Landkarten darzustellen, gäbe es keinen Markt. Und überhaupt: Wozu bräuchte jemand, der Sport machen wollte, sein Handy?

Das App-Business war damals so gut wie inexistent. Nicht einmal einen Kredit konnten wir bekommen. Einzig und allein Raiffeisen erklärte sich bereit, uns zu unterstützen. Verunsichern ließen wir uns von den Absagen und den kritischen Stimmen nicht. Wir wussten allerdings, wir würden die Anfangszeit alleine stemmen müssen.

Ich hatte 25.000 Euro gespart, die anderen hatten auch ein bisschen etwas übrig. Damit ließ sich – ohne dass wir einen Kredit hätten aufnehmen müssen – eine Gesellschaft mit beschränkter Haftung gründen. Im Oktober 2009 gründeten wir die GmbH. Schon davor hatten wir im Büro Netz und Plan bei Alfreds ehemaligem Arbeitgeber in der Kommunalstraße 15 in Linz unser erstes Büro eingerichtet.

Eines war freilich klar: dass wir sehr bald mit unserer Firma Geld verdienen mussten. Weil Runtastic erst einmal in die Gänge kommen musste, damit es eines Tages lukrativ sein konnte, entwickelten wir im Tagesgeschäft Businessanwendungen für Dritte und programmierten kleinere Apps für Mobiltelefone. Um für Auftraggeber klare Verhältnisse zu schaffen, riefen wir die Entwicklerfirma All about Apps ins Leben, die wir später von Runtastic trennten.

Alles, was wir an Einkünften machten, steckten wir zu 100 Prozent ins Unternehmen, um Fixkosten und unseren ersten Mitarbeiter zu bezahlen: einen Programmierer, der übrigens bis heute im Unternehmen beschäftigt ist – mittlerweile als Vice President of Engineering.

Ich legte auch meine Einkünfte als Lektor an der FH Steyr in den gemeinsamen Topf. Im September 2009 hatte ich nämlich eine Lehrveranstaltung zum Thema Entrepreneurship übernommen. Am Beispiel von Runtastic erzählte ich von den Herausforderungen eines Start-up-Unternehmers. Dazu teilte ich mein Wissen zu Google-Trends und Onlinewerbung.

Das neu erworbene Gründungs-Know-how vermehrt um das technische Wissen aus meiner Zeit in Steyr ergab eine interessante Mischung, sodass die Vorlesung bei den Studierenden sehr gut ankam. Einige meiner ehemaligen Studierenden haben sich inzwischen auch selbstständig gemacht. Von vielen ist das Feedback gekommen, sie hätten in dieser Lehrveranstaltung die Inspiration bekommen, sich ebenfalls als Unternehmer zu versuchen.

Living on a budget

Ein geregeltes Einkommen für das Gründungsteam gab es während der ersten 18 Monate natürlich keines. Um durchzukommen, hieß es, mit schmaler Geldbörse zu leben. Ein Kornspitz mit Schinken und Käse vom Hofer um die Ecke war unser Mittagessen, manchmal ein Liptauerweckerl. Im Durchschnitt durfte ein Lunch 2,20 Euro kosten. Alle zwei Monate gönnten wir uns ein Mittagessen im *Mondigo*, einem italienischen Lokal ums Eck. Das kostete dann neun Euro: purer Luxus.

Die sparsamen Jahre der Anfangszeit waren für uns, denke ich, eine wichtige Lektion, um mit Geld umgehen zu lernen. Bis heute sind wir sehr vorsichtig mit den Ausgaben. Jeder Euro muss einen Euro wert sein.

Moment des Zweifels

Es muss Anfang Januar des Jahres 2010 gewesen sein. Mein Auto damals, ein alter VW Bora, hatte bei 290.000 Kilometern auf dem Zähler einen Motorschaden: Die Zylinderkopfdichtung verabschiedete sich. Geld, um auf die Schnelle einmal die 2 000 Euro für die Reparatur auszugeben, war keines da. Ein paar Wochen später besorgte mir dann ein Freund einen gebrauchten Motor für 700 Euro, den wir selbst einbauten.

Fürs Erste aber stand ich ohne Fahrzeug da, also stieg ich eben zwei Wochen lang auf ein altes Trekkingfahrrad um. Ich fuhr damit von meiner Wohnung in der Muldenstraße in Linz die paar Kilometer in die Arbeit. An sich keine große Sache, wäre es nicht Winter gewesen und die Wetterbedingungen nicht unbedingt ideal fürs Radfahren. Als ich einmal vor dem Morgengrauen – es muss so 5.45 Uhr gewesen sein – losfuhr, rutschte mir in einer Kurve auf der verschneiten Fahrbahn der Vorderreifen weg. Es hat mich – wie man so schön bei uns sagt – richtig gescheit »auf die Goschn (österreichisch für: Gesicht)« gehauen. Ich kann mich noch gut daran erinnern, wie ich damals im Matsch lag. Der eine Ellbogen tat richtig weh, und die Spaziergänger, die mit ihren Hunden unterwegs waren, sahen mich mitleidig an. Da überlegte ich dann kurz: »Du hast zwei Masterstudien, bist nicht der größte Trottel, kannst einiges und liegst nun hier im Matsch. Was machst du da eigentlich?«

Das war das einzige Mal in dieser Gründungszeit, dass ich zweifelte – zumindest fünf Minuten lang. Dann stieg ich wieder auf und radelte weiter. Bald war ich wieder im geheizten Büro. Es war so viel zu tun, dass ich den geprellten Ellbogen bald wieder vergaß – und mit ihm die Zweifel.

Unser größter Fail

Als wir im Frühling/Sommer 2009 so richtig loslegten, wussten wir, dass wir als Erstes einen Businessplan brauchten, um mögliche Geldgeber an Land zu ziehen und unsere eigene Arbeit zu strukturieren. Auch für uns selbst war es wichtig, die eigene Unternehmensidee möglichst klar zu umreißen. Die Werbestrategien, die Runtastic zum Erfolg führen sollten, nahmen wir in den – anfangs 100 Seiten starken – Businessplan auf, der auch die detaillierte Vorstellung der Teammitglieder enthielt, eine Information, die für externe Investoren oder Business Angels sehr wichtig war. Die erste Fassung des Plans komprimierten wir auf 30 Seiten. Dazu kamen das Marketingkonzept, die Risikoevaluierung, der Finanzteil und das Executive Summary.

Fairerweise muss man sagen: So wie Runtastic heute aufgestellt ist, war es keineswegs von Anfang an angelegt. Zwar lag es auf der Hand, dass wir das Smartphone nutzen wollten, um in den Breitensport zu gehen. Die App, die später Kern unseres Business wurde, sollte ursprünglich bloß ein untergeordneter Teil unseres Tätigkeitsspektrums sein. Im Herzen der Geschäftsidee standen ursprünglich Sportstrecken, entlang derer wir Sensoren verbauen wollten. Läufer hätten so die Möglichkeit gehabt, auf diesen Strecken mit Mikrochips ihre Trainingsdaten aufzuzeichnen. Das Ganze sollte auf hochfrequentierten Strecken in größeren Städten geschehen, zum Beispiel auf der Prater-Hauptallee in Wien.

Wir errichteten sogar Teststrecken samt Probebetrieb, zuerst beim Bauernhof meiner Eltern, dann in der Nachbargemeinde St. Valentin. Wären wir diesen Weg weitergegangen, es wäre mit Sicherheit eine wirtschaftliche Katastrophe geworden. Schon im Probebetrieb bemerkten wir nämlich, dass wir die Idee nicht so umsetzen konnten, wie wir das eigentlich wollten. Nicht nur, weil es wahnsinnig aufwendig war, die Hardware zu installieren: Immerhin musste man die Sensoren im Abstand von einem Kilometer in den Erdboden bringen. Das hieß, den Boden aufreißen, die teuren Geräte absenken und wieder zuschütten beziehungsweise zubetonieren. Die ganze damit verbundene Arbeit überstieg in Wirklichkeit unsere Kompetenzen. Schließlich waren wir vor allen Dingen Softwareingenieure. Für das Versenken von Drähten und die Installation der richtigen Hardware fehlte uns das Know-how.

Dazu kamen rechtliche Hürden: Für so ein Unterfangen brauchte man unzählige behördliche Bewilligungen. Es war teuer und langwierig. Und vor allem konnte man dieses Produkt kaum skalieren. Aus heutiger Sicht: ein richtiger Fail.

Technologie als Glücksfall

Es erwies sich dann als ungeheurer Glücksfall, dass es die technischen Entwicklungen dieser Zeit erlaubten, unsere Idee auf ganz andere und wesentlich effizientere Weise umzusetzen.

Ich hatte im Winter 2008/2009 gerade das neue iPhone 3G bekommen. Dieses Gerät unterstützte UMTS-Mobilfunk und kam auf eine Downloadrate von maximal 3,6 MBit – eine für damalige Verhältnisse äußerst schnelle Übertragungsrate. Zudem war das iPhone erstmals mit GPS ausgestattet – für Runtastic ein echter Game Changer.

Wir ließen dann einen ersten Prototyp programmieren, der die Geschwindigkeit des Läufers und die zurückgelegte Distanz messen und anzeigen konnte – eine Idee, die auch Christian und Alfred gut gefiel.

Während ich mich noch bemühte, alle österreichischen Gemeinden durchzurufen, um ihnen Runtastic-Sportstrecken anzudrehen – ein unfassbar mühsames Unterfangen –, nahm Mobile Computing eine rasante Entwicklung, wie sie ein paar Jahre zuvor noch undenkbar gewesen wäre.

Zweiter Schlüsselfaktor: Zeitgleich mit dem neuen iPhone stellte Apple seinen App Store vor. Dadurch wurde es nicht nur erstmals möglich, zusätzliche Software ohne Hack auf dem Gerät zu installieren, sondern auch Drittanbieter erhielten die Möglichkeit, Software für Apple-Geräte anzubieten und zu verkaufen. Ohne die besten Techniker und Programmierer im Team hätten uns diese technologischen Entwicklungen freilich auch nichts genutzt. So aber konnten wir sehr früh in einen neu geschaffenen Markt treten und ein Feld besetzen, in dem noch nicht sehr viele Player unterwegs waren. Schritt für Schritt wendeten wir uns immer mehr der Entwicklung und Vermarktung der App zu. Irgendwann ließen wir die Idee mit den festen Laufstrecken gänzlich fallen.

Die Investoren kommen

Im Oktober 2009 stellten wir unsere App in den Apple App Store. Sie konnte dort – kostenlos – heruntergeladen werden. Im November folgte die Bezahlversion, und im April des nächsten Jahres kamen unser Premiummodell sowie die Versionen für Android und Blackberry hinzu. Über die Sensoren im Mobiltelefon wurden Geschwindigkeit, Distanz oder Zeit aufgezeichnet und ins Sporttagebuch des Users eingetragen.

Von Tag eins der Unternehmensgründung stellten wir uns die Frage, wie wir die User-Experience weiter verbessern und die Funktionen erweitern konnten. Beinahe monatlich erweiterten wir die Grundfunktionen der Anwendung und entwickelten Apps auch für anderen Sportarten, um Amateuren wie Profis Anreize für das Training zu geben beziehungsweise es ihnen zu erleichtern, ihre Trainingsziele zu erreichen.

Hatten uns in den ersten Monaten die Banken belächelt und die Investoren abgelehnt, änderte sich diese Situation mit der ständig wachsenden Beliebtheit beim Publikum. Von den Medien wurden wir ebenfalls wahrgenommen, sodass alle großen Zeitungen – wann immer sie über Gründer und Start-ups schrieben – auch Runtastic erwähnten. Das Feedback war dabei zumeist freundlich. »Auch die vier Österreicher René Giretzlehner, Florian Gschwandtner, Christian Kaar und Alfred Luger versuchen, mit der neuen Plattform Runtastic die Hobbysportlernische zu besetzen«, schrieb etwa die Tageszeitung *Die Presse* im April 2010: »Das Ergebnis gehört tatsächlich zu den besten Ansätzen in diesem Bereich.« Das *Wirtschaftsblatt* veröffentlichte wenig später ein großes Unternehmensporträt unter dem Titel »Die runtastischen Vier«. Auch hier war der Tenor äußerst positiv.

Als wir aus fast 80 Einreichungen für Runtastic auch noch den ersten Preis in der A1-App-Challenge gewannen und ein Preisgeld von 50.000 Euro bekamen, hatten wir die Medien vollends auf unserer Seite. Von den 50.000 Euro Preisgeld reinvestierten wir 49.000 umgehend in das Unternehmen und in die weitere Verbesserung der App. Den übrigen Tausender teilten wir zu gleichen Teilen unter uns vieren auf. So tickten wir! Alles in die Firma und Vollgas!

Die Berichterstattung bewirkte, dass das Publikumsinteresse an Runtastic neuerlich wuchs. Die Nutzerzahlen schossen in die Höhe. Mitte des Jahres 2010 – also noch nicht einmal ein Jahr nach der Gründung – verzeichneten wir bereits 250 000 User – mit starker Aufwärtstendenz.

So kam es, dass nach wenigen Monaten unserer Existenz als Unternehmen plötzlich drei potenzielle Investoren bei uns im Büro standen und Finanzierungsangebote auf den Tisch legten. Was für eine Wendung nach den spöttischen Absagen der Anfangstage! Dass Runtastic eines Tages tolle Gewinne schreiben würde, erschien nun immer mehr Leuten als durchaus realistische Chance.

Zu dieser Zeit waren wir aber bereits so weit, dass wir uns mit der Investorensuche keinen Stress mehr machten. Mit unserer Entwicklungsfirma verdienten wir etwas Geld. Und auch die kostenpflichtige Version unserer App warf immer mehr Einkünfte ab. Wir hatten ziemlich schnell kapiert, dass sich unsere Ideen und unser Know-how verkaufen ließen. Dementsprechend entspannt konnten wir jetzt die Offerten abwarten. Im Gründerteam waren wir uns einig: Zu diesem Zeitpunkt lassen wir jetzt niemanden rein, außer es gibt ein äußerst lukratives Angebot.

Angebot aus Silicon Valley

Nach gerade einmal zwölf Monaten auf dem Markt, erreichte uns dann ein Übernahmeangebot aus den USA: Ein slowenischer Unternehmer mit Sitz im Silicon Valley zeigte Interesse, Runtastic zu übernehmen. Kaufpreis damals: irgendetwas zwischen ein und zwei Millionen Euro. Je nachdem hätte er uns vieren außerdem im Gegenzug signifikante Anteile an seinem Unternehmen eingeräumt. Für uns war das natürlich völlig crazy. Wir hatten keinerlei Erfahrung mit derlei Angeboten. Das Wort Silicon Valley klang für uns wie das Gelobte Land. Und keiner von uns vieren hatte ursprünglich jemals die Intention gehabt, einen Exit zu machen oder Runtastic zu verkaufen.

Wir recherchierten dann zum Angebot und fanden den Interessenten tatsächlich im Netz. Gemeinsam mit Alexander, einem unserer drei ersten Business Angels, flog ich dann – schnell entschlossen – nach Amerika, um mir das Ganze anzusehen. Es erleichterte unsere Entscheidung, dass wir zu diesem Zeitpunkt gerade eine Förderung von der Wirtschaftskammer Österreich erhalten hatten. Mit dieser Förderung konnten wir den Flug finanzieren und ein paar Übernachtungen für 42 Dollar das Zimmer im schäbigsten Hotel von San Francisco.

Wir mieteten einen alten Dodge und fuhren die drei Stunden Richtung Silicon Valley, um unseren Interessenten zu treffen – nur einen Steinwurf entfernt von klingenden Ortsnamen wie Mountain View mit dem Google-Hauptquartier oder Palo Alto, wo sich früher die Facebook-Zentrale befand.

Der slowenische Unternehmer lud uns zum Fischessen in sein Haus in der Sand Hill Road ein. Diese Straße, die im Gespräch oft nur Sand Hill genannt wird, durchzieht den Ort Menlo Park in Kalifornien. Sie ist ein Symbol für Venturecapital im Bereich digitaler Unternehmen. In ihrer Symbolkraft kann man sie mit der Wall Street in New York City vergleichen: Nahezu jede namhafte

Silicon-Valley-Firma hatte irgendwann in ihrer Gründungs-geschichte Geld von der Sand Hill Road erhalten.

Dieses Wissen im Hinterkopf machte uns klarerweise ein wenig nervös, zwei Burschen aus kleinen Gemeinden in Nieder-österreich, die nach nicht einmal einem Jahr Unternehmertum hierher eingeladen worden waren und nun vielleicht eine Chance bekamen, reich zu werden. Irgendwie war das alles surreal.

Über Plug and Play, einen im Silicon Valley ansässigen Business-Accelerator mit großem Office-Space für Start-ups, nahmen wir an einigen Abendevents teil. Bei einer Veranstaltung lernte ich dann jemanden kennen, der bei Apple gearbeitet hatte. Ich war damals ungemein stolz, als ich seine Visitenkarte in Händen hielt: unser ers-ter Kontakt zu Apple! Es war immer unser Wunsch gewesen, mit Apple und Google direkt Kontakt aufzunehmen. Wir mailten sofort ein Foto von der Visitenkarte zurück nach Hause. Tatsächlich hat uns dieser erste Kontakt später noch viel genutzt, als wir die Koope-ration mit Apple Health und Fitness Manager aufgebaut haben ...

Nach zehn Tagen Kalifornien und Silicon Valley war unsere Bilanz: Auch dort kochen die Leute nur mit Wasser. Normale Ort-schaften, normale Gebäude, heiß war's, und den Deal haben wir letztlich nicht abgeschlossen. Warum? Wir glaubten zu diesem Zeitpunkt schon fest daran, dass wir noch größer werden können. Zu unserem Lebensplan hätte es auch nicht gepasst. Das Gefühl war: Wir haben doch gerade erst damit begonnen.

Unterstützung durch Business Angels

Ein – menschlicher – Faktor, der uns die erste Start-up-Phase er-leichterte und unser Wachstum begünstigte, war eine Reihe von Business Angels, die wir auf Work-for-Equity-Basis – also indem wir deren Unterstützung mit einigen Prozentpunkten Beteiligung vergüteten – ins Unternehmen holten. Diese ersten Business Angels –

Bernhard Lehner, Stefan Kalteis und Alexander Igelsböck – stießen im Frühling 2011 zu uns. Später kam noch Gabriel Grabner dazu.

Wir holten sie zum einen wegen ihrer Kompetenz und ihrer Fähigkeiten ins Boot, zum anderen, weil sie uns schlicht und ergreifend als Privatpersonen sympathisch waren. Von den Kontakten und dem Gründungs-Know-how dieser vier, die aus dem Wiener Umfeld kamen und viel Erfahrung mit Web-2.0-Start-ups mitbrachten, profitierten wir enorm.

Wir trafen einander einmal pro Quartal zum Boardmeeting, meistens in irgendeinem Hotel außerhalb von Linz. Diese Treffen waren nicht nur wichtig, um die eigene Betriebsblindheit, die sich fast automatisch irgendwann einstellt, zu überwinden, sondern wir waren auf diese Weise regelmäßig gezwungen, unsere Ziele und unsere Zahlen auf den Tisch zu legen. Jedes Mal aufs Neue mussten wir uns präsentieren und uns selbst definieren. Das Feedback aus diesen Sessions, das ständige harte Hinterfragen unserer Strategie durch die Business Angels brachte uns ungeheuer viel. Zudem entwickelten sich aus einer anfänglich reinen Geschäftsbeziehung Schritt für Schritt wirkliche Freundschaften. Bis heute fahren wir einmal jedes Jahr alle zusammen – alle Gründer und die frühen Angel Investors – miteinander auf Urlaub.

Von unseren Business Angels habe ich auch viel darüber gelernt, was einen guten Berater ausmacht. Wenn ich jetzt selbst mitunter in die Rolle des Business Angels oder Mentors schlüpfe, merke ich, wie viel unsere Boardmember damals richtig gemacht haben. Die Schlüsselqualität dabei ist es, die relevanten Fragen zu stellen und nie damit aufzuhören. Lästig nachbohren: Warum noch einmal soll das nicht gehen?

Manch ein Gründer nimmt anfangs vielleicht eine defensive Haltung ein und will sich verteidigen. Sobald er aber gelernt hat, das Feedback als ein Geschenk anzunehmen, kommt er, meiner Erfahrung nach, bald zurück. Vieles, das zunächst nicht gegangen ist, geht dann vielleicht doch …

Gastbeitrag Bernhard Lehner
Ein Leben für Runtastic

Zur Person:

Bernhard Lehner beteiligte sich 2011 als Business Angel über eine Work-for-Equity-Vereinbarung an Runtastic. Der Startup- und Marketingprofi begleitete zahlreiche österreichische Web-2.0-Unternehmen vom Zeitpunkt ihrer Gründung bis zum Verkauf. Lehner war unter anderem an Tripwolf und I5invest beteiligt und sitzt bis heute im Vorstand von Startup300.

Ich kenne keinen Menschen, der auch nur annähernd so dedicated ist wie Florian. Warum ich das Wort »dedicated« verwende? Weil es für mich viel treffsicherer die Leidenschaft, die totale Hingabe an eine Aufgabe, die absolute Konzentration auf ein angestrebtes Ziel ausdrückt als die deutschen Wörter »engagiert«, »gewidmet«, »zugehörig«. Vielleicht trifft die Übersetzung »hingebungsvoll« noch am ehesten das, was mir als Erstes einfällt, wenn ich an Flo denke.

Legendär sein nächtlicher Einsatz in den Bars von Linz und Wien in den Anfangsjahren von Runtastic, als Florian auf Hunderte Smartphones von Barbesuchern (und vor allem Barbesucherinnen) höchstselbst die Runtastic-App lud. Eine Einschulung und eine damit verbundene Motivational Speech gab es gratis dazu. Es gab kein Entkommen: Wenn Florian eine Zielperson identifiziert hatte (meist eingeleitet mit der nur scheinbar harmlosen Frage: »Kennst du Runtastic?«), dauerte es selten länger als 15 Minuten, bis der nächste Runtastic-User gewonnen war.

Den meisten Gründern, die ich seither kennengelernt habe, ist solch mühevolle Kleinarbeit (leider) fremd. Was Flo schon früh erkannt hat, war, dass nicht die Zahl der auf diesem Weg gewonnenen Runtastic-User zählt, sondern vielmehr das ungefilterte Feedback der Zielgruppe. Personas für das Targeting quasi im Real Life entwickeln – das war es, was Florian erreichte. Ganz abgesehen davon, dass ein durch einen der Runtastic-Gründer gewonnener User mit hoher Wahrscheinlichkeit ein guter Runtastic-Evangelist wurde. Ach ja, und ratet mal, wer nachtsüber die immer zahlreicher werdenden User-Requests und Serviceanfragen auf Facebook und per E-Mail abarbeitete, während andere schliefen? Richtig: Flo.

Mindestens ebenso legendär: der bescheidene Lebensstil von Florian in den Jahren bis zum Erfolg. Jeder Euro (übrigens nicht nur von ihm, sondern vom gesamten Gründerteam) wanderte sofort und ohne Überlegung in die Firma, wurde in Mitarbeiter, Office oder neue Smartphones zum Testen investiert.

Der Wagen des erklärten Autonarren Florian Gschwandtner damals? Ein gefühlt 30 Jahre alter, verbeulter und von Rostflecken gezeichneter VW Jetta Diesel mit völlig kaputten Stoßdämpfern, die eine sichtbar optische Schieflage des Autos verursachten. Wenn sich wichtige Geschäftspartner bei Runtastic ankündigten, wurden sie vom »besten Auto im Founderteam«, dem 1er-BMW von René, abgeholt.

Niemand, den ich kenne, hat das Wort »Dedication« auch nur annähernd so mit Leben erfüllt wie Florian Gschwandtner. Flo hat sich seinen Erfolg im besten Wortsinn verdient.

Kurzinterview:

Welche drei Bücher haben dich verändert und was sind deine Topleseempfehlungen?
Johann Wolfgang von Goethe: *Faust I*, Hans Hass: *In unberührte Tiefen*, Christopher McDougall: *Born to Run*.

Welchen drei Personen folgst du auf Social Media und warum?

Jason Calacanis, weil er einer der besten Business Angels der Welt und ein unglaublicher Kommunikator ist; Elon Musk, damit ich täglich daran erinnert werde, groß zu denken, und real Donald Trump, damit ich nie vergesse, was Arroganz und Dummheit anrichten können.

Welche Empfehlungen würdest du aufgrund deiner bisherigen Erfahrungen deinem 18-jährigen Ich geben?

1. *Go international as soon as you can.*
2. *Found your first startup as soon as you can.*
3. *Learn how to write a code.*

Welche zwei Urlaubsdestinationen würdest du deinem besten Freund empfehlen?

There are too many to recommend just two …

Hattest du ein Schlüsselereignis in deinem Leben, das dich dorthin gebracht hat, wo du heute bist?

Nein.

Was ist dein Lieblingssong für ein Work-out/zum Arbeiten/ zum Relaxen?

»Paradise City« fürs Work-out.

Was konntest du von Florian lernen/erfahren/mitnehmen?

Dass Leidenschaft, Smartness, Fokus, Neugierde und eine Get-it-done-Mentalität dich in kurzer Zeit (fast) überallhin führen können.

Auf welches Tool/welche App würdest du im Beruf/privat nicht verzichten wollen?
Dropbox und Spotify.

Welchen TED Talk sollte ein jeder gesehen haben?
Elon Musk: »Boring company«.

Gibt es etwas Verrücktes, an das du glaubst und das keine andere Person mit dir teilt?
Dass man durch sein Handeln die Welt zu einem besseren Ort machen kann.

Wer ist dein Idol und weshalb?
Leonardo da Vinci, weil er in allen uns bekannten sieben Intelligenzkategorien ein Genie war und dieses Potenzial auch mutig und mit Leidenschaft bis zu seinem Tod genutzt hat.

Gibt es etwas, das du anders machst als alle anderen Menschen?
Ich glaube nicht.

Wie motivierst du dich zu Höchstleistungen?
Wenn jemand sagt: »Das geht nicht.«

Mächtige Konkurrenz

Tatsächlich standen wir in den Anfangsjahren mächtiger Konkurrenz gegenüber. »Während Runtastic viele bislang eher wenig Aktive zur Bewegung animiert, setzen die eingesessenen Sport- und Fitnesscommunitys auf die ambitionierten Freizeitsportler«, schrieben die *Salzburger Nachrichten* im Mai 2010: »So sind bei

Garmin Connect schon 20 Millionen Aktivitäten gespeichert, und pro Tag kommen 50 000 neue dazu. 760 000 Nutzer sind weltweit registriert, allein 2010 wurden 1,4 Millionen neue Strecken hochgeladen.«

Bis in die 2010er-Jahre hinein dominierten die Hersteller von Fitnessuhren und GPS-Geräten für das Radfahren und Wandern den Markt: Garmin, Tomtom und Suunto versuchten, über eigene Websites auch Communitys aufzubauen.

Bei den Apps für Smartphones dominierten in den Anfangsjahren Runkeeper, Mapmyfitness und Endomondo. Für die Rennradfahrer kam später Strava hinzu. Auch Adidas unterhielt ursprünglich ein eigenes System. Generell kann man sagen: Je breiter wir wurden, umso vielfältiger wurde auch die Konkurrenz.

Hardware

2011 beobachtete ich, dass sogenannte Wearables ein großes Thema wurden, Schrittzähler, Pulsmesser, GPS-Empfänger: Kleine tragbare Geräte, die Gesundheitsdaten der User maßen, lagen im Trend. Als die Chips immer kleiner wurden, war daran zu denken, solche Sensoren in Armbänder oder Uhren einzubauen. Fitbit war Vorreiter in dieser Technologie und hatte ein Gerät mit Clip auf den Markt gebracht, das man an die Hose pinnen konnte.

Ich erhielt dann von Dr. Gerold Weiß – einem unserer FH-Professoren, der Entrepreneurship unterrichtet – den Hinweis, dass einer seiner Nachbarn in Wels eine Firma hätte, die GPS-Uhren und diverse Hardware entwickelte. Ich fuhr daraufhin nach Wels und lernte Georg und Jochen Krippl samt deren Team kennen.

Tatsächlich hatten sie einige Erfahrung im Konstruieren von GPS-Armbanduhren. Als ich ihnen sagte, dass wir bei Runtastic gerne einen Brustgurt mit Heart-Rate-Monitor hätten, der sich mit dem Handy koppeln ließ, erkannten sie sofort die Chance darin.

Unsere Zusammenarbeit sah dann so aus: Die Krippls bauten die Geräte, und wir lizenzierten sie. Hinterher teilten wir uns die Einnahmen. Ein perfekter Deal. Nur eine Frage war offen: Wo sollten wir das launchen, damit möglichst viele Leute davon erfuhren?

Wir buchten dann, kurz entschlossen, bei der Consumer Electronics Show (CES) in Las Vegas, der größten Fachmesse der Welt, einen Messestand und flogen hin, ohne zu wissen, was uns dort erwartete – mit vier Koffern, Prototypen, Kartons für den Messestand, Roll-ups und einem großen Monitor, den wir als iPhone »verkleidet« hatten. Der winzige Stand war in jeder Hinsicht mickrig. Ein Tisch, zwei Sessel. Das war's. Aber die Leute standen bei uns Schlange: Investoren, Vertriebspartner, Journalisten – jeder wollte mit uns reden. Es war unpackbar. Die neuen Runtastic-Produkte verkauften sich in der Folge weltweit und waren bei allen großen Elektronikmärkten gelistet. Ein paar Jahre lang war das ein gutes Geschäft.

Georg Krippl

Zur Person:

Georg Krippl ist gemeinsam mit seinem Zwillingsbruder Jochen Eigentümer der Krippl-Watches GmbH. Durch einen Zufall lernten wir einander kennen. Wir haben sehr schnell verstanden, dass wir uns gegenseitig ergänzen. Georg und sein Team haben uns geholfen die Runtastic-Hardwareschiene zu entwickeln, welche wir im Jahr 2012 auf der CES in Las Vegas vorstellten.

Wenn ich an Florian denke, fällt mir als Erstes sein Enthusiasmus ein, mit dem er mir immer davon erzählt hat, was er gerade macht oder vorhat. Speziell auf unseren gemeinsamen Geschäftsreisen hatte ich die Möglichkeit, viel über ihn und

Runtastic zu erfahren. Was mich dabei ganz besonders fasziniert hat: dass er sich selbst nie in den Vordergrund stellte, sondern immer das Team und seine drei Gründerkollegen. Das zeichnet ihn als Menschen und Persönlichkeit aus. Ich konnte auch miterleben, dass er nicht nur mich von dem, was er tat, begeistern konnte, sondern auch andere.

Ebenfalls bemerkenswert: Bei all den Herausforderungen, denen wir uns gemeinsam stellten, blieb der Spaß nie auf der Strecke. Nach getaner Arbeit ist Florian einer, der weiß, wie man ordentlich feiert.

Die Konsequenz, mit der er das Ziel, Runtastic groß zu machen, verfolgt hat, war für mich immer inspirierend und faszinierend.

Ich werde mich immer an unseren ersten Auftritt bei der CES 2012 in Las Vegas erinnern. Florian hat auf dem Weg dorthin beiläufig erwähnt, dass es sicherlich Investorenanfragen geben würde. Ich konnte mir darunter wenig vorstellen und maß dem keine Bedeutung bei. Es dauerte jedoch keine halbe Stunde, bis der erste Interessent sich einstellte. Erst dann begann ich langsam zu realisieren, wie sehr sich Florians Startup-Business von meinem »traditionellen« unterscheidet. Über die Jahre konnte ich da nur lernen und staunen.

Kurzinterview:

Welche drei Bücher haben dich verändert und was sind deine Topleseempfehlungen?
Konsequent einfach: Die ALDI-Erfolgsstory.

Welche Empfehlungen würdest du aufgrund deiner bisherigen Erfahrungen deinem 18-jährigen Ich geben?
Verzettle dich nicht. Konzentriere dich auf deine Stärken.

Welche zwei Urlaubsdestinationen würdest du deinem besten Freund empfehlen?
Sydney, Arlberg.

Was konntest du von Florian lernen/erfahren/mitnehmen?
Glaube an das scheinbar Unmögliche.

Auf welches Tool/welche App würdest du im Beruf/privat nicht verzichten wollen?
Excel.

Gibt es etwas, das du anders machst als alle anderen Menschen?
Vielleicht die Konsequenz, mit der ich Ziele verfolge.

Wie motivierst du dich zu Höchstleistungen?
Wenn ich im Wettbewerb mit anderen bin.

Gastbeitrag Gabriel Grabner

Zur Person:

Gabriel Grabner ist Head of Digital bei der DvH Medien GmbH. Seit dem Jahr 2006 investiert er in Start-ups und Medien.

Ich kenne Florian seit sieben Jahren, durfte seine beruflichen Erfolge und die seiner Co-Founder hautnah miterleben, ein wenig begleiten und bin stolz, ihn als Freund bezeichnen zu dürfen. Zugegeben ist dies keine lange Zeit, aber seine menschliche und charakterliche Entwicklung hat bei mir den größten Eindruck hinterlassen. Von Beginn an hat er das Wachstum der Firma vor seine eigenen Interessen gestellt, hat lieber neue Mitarbeiter gefördert, als sich selbst zu bereichern: Bus statt Taxi, Leute einstellen statt Gehaltserhöhung, am Produkt arbeiten statt sich auszuruhen. Florian ist fair, großzügig, verlässlich, zielstrebig – er hat Grundwerte.

Vielleicht noch wichtiger sind jedoch Dinge, die er nicht gemacht hat. Er hat nie vergessen, dass der Weg zum Erfolg von viel Glück geprägt war und es auch anders hätte kommen können. Er hat nie all die Menschen, die Familie, die Freunde, die Mitarbeiter und Weggefährten vergessen, die ihn unterstützt haben.

Eines noch: Der Porsche hat es dann doch sein müssen. Es sei ihm gegönnt!

Kurzinterview:

Welche drei Bücher haben dich verändert und was sind deine Topleseempfehlungen?
Thinking, Fast and Slow von Daniel Kahneman, *Originals* von Adam Grant und *Meditations* von Marcus Aurelius, übersetzt von Gregory Hays.

Welchen drei Personen folgst du auf Social Media und warum?
Keinen. *Too much noise!*

Welche Empfehlungen würdest du aufgrund deiner bisherigen Erfahrungen deinem 18-jährigen Ich geben?
Früher höhere Risiken eingehen: probieren, lernen, scheitern, wieder aufstehen. Familie gründen.

Welche zwei Urlaubsdestinationen würdest du deinem besten Freund empfehlen?
Vietnam mit Angkor-Wat-Tour. Segeltörn durchs Mittelmeer, am besten mit Kindern.

Hattest du ein Schlüsselereignis in deinem Leben, das dich dorthin gebracht hat, wo du heute bist?
Es war eher eine Kette von Zufällen, Glück oder Schicksal … je nachdem.

Was ist dein Lieblingssong fürs Work-out/zum Arbeiten/ zum Relaxen?
Keiner. Ruhe!

Was konntest du von Florian lernen/erfahren/mitnehmen?
Die Gabe, mit einer Leichtigkeit Menschen zu motivieren und zu begeistern. Ideen und Ziele mit großer Leidenschaft zu präsentieren und nicht aufzugeben.

Auf welches Tool/welche App würdest du im Beruf/privat nicht verzichten wollen?
Passwortmanager-App.

Wer ist dein Idol und weshalb?
Jeder, der es schafft, eine Balance zwischen Beruf und Familie herzustellen.

Gibt es etwas, das du anders machst als alle anderen Menschen?
Nein.

Wie motivierst du dich zu Höchstleistungen?
Ich bin Idealist, glaube an das Gute im Menschen und dass
sich immer eine Lösung finden wird.

Stefan Kalteis

Zur Person:

Stefan Kalteis ist Serial Entrepreneur und hat in die verschiedensten Start-ups investiert. Als Co-Gründer von Unternehmen wie Payolution oder der Suchplattform 123people verfügt
er über jede Menge Know-how in Sachen Unternehmensgründung, aber auch beim Thema Leadership als CEO.

Florian lernte ich gemeinsam mit einem seiner Runtastic-
Co-Gründer, Alfred Luger, kennen. Zu diesem Zeitpunkt war
Florian gemeinsam mit seinen Co-Gründern über *ceo@runta-
stic.com* erreichbar. Es war über lange Zeit für die vier Gründerkollegen unklar, ob es einen CEO geben sollte und wer das
dann sein sollte. Heute ist das undenkbar, Florian ist Mr. Runtastic, aber die vier sind in fast jeder Hinsicht noch immer
gleichberechtigt und haben sich auch längerfristig mit einigen
Investments wie einer Wohnung auf Mallorca und gemeinsamen Aktivitäten aneinander gebunden: Florian schätzt seine
Freundschaften sehr und geht auch dafür die Extrameile. Ich
habe mich sehr gefreut, als Florian während eines US-Trips
zum Jahreswechsel 2014/2015 einen »kurzen« Flug zu unserem
Urlaubsdomizil nach Hawaii in Kauf nahm – vom Festland
nach Hawaii sitzt man mindestens sechs Stunden im Flieger.
Ich bin sicher, dass er während des Fluges irgendeine Spiele-
App am iPhone gespielt hat: Warum? Um für Runtastic zu ler-

nen und die eigene App zu optimieren! Neben vielen Talenten ist sein Erfolgsrezept ganz sicher auch sehr harte und intensive Arbeit (und sicher nicht, wie so oft geschrieben, die »Idee«). Dieser Spruch beschreibt es recht gut: *Success is like being pregnant, everybody congratulates you, but nobody knows how many times you got f***ed.*

Florian kam kurz vor der Geburt unserer Tochter an. Als wir nach der Geburt vom Krankenhaus zu unserm Haus zurückkehrten, war dieses mit Luftballons geschmückt: ein wunderbarer Empfang! Florians größte Qualität ist, dass er Menschen mag und sich – egal ob jung oder alt, egal ob mehr oder weniger erfolgreich – ehrlich für sie interessiert, zuhört und deshalb auch begeistern kann.

Kurzinterview:

Welche drei Bücher haben dich verändert und was sind deine Topleseempfehlungen?
Thinking, Fast and Slow von Daniel Kahneman, *A Random Walk Down Wall Street* von Burton G. Malkiel, *Sapiens – A Brief History of Humankind* von Yuval Noah Harari und Bonus: *What Is the Name of This Book?* von Raymond Smullyan.

Welchen drei Personen folgst du auf Social Media und warum?
Ich folge nur Freunden.

Welche Empfehlungen würdest du aufgrund deiner bisherigen Erfahrungen deinem 18-jährigen Ich geben?
Aim high; travel more now! Don't wait! (Firma gründen, Family etc.)

Welche zwei Urlaubsdestinationen würdest du deinem besten Freund empfehlen?
Hawaii, Alpen: Transalp-Tour mit dem Mountainbike.

Hattest du ein Schlüsselereignis in deinem Leben, das dich dorthin gebracht hat, wo du heute bist?
Während des Studiums in NYC um 2.30 Uhr in der Früh aufstehen, um einen Bewerbungscall mit einem Venturecapital-Manager zu machen, obwohl klar war, dass ich dort keinen Job bekommen würde – durch seine Empfehlung bekam ich dann anderswo einen Job in der Venturecapital-Industrie.

Was ist dein Lieblingssong für ein Work-out/zum Arbeiten/ zum Relaxen?
Tabatasongs fürs Work-out, Arbeiten und Relaxen: keine Musik, ein Lieblingssong (von unserer Hochzeit): »Lass mich nie mehr los« von Sportfreunde Stiller.

Was konntest du von Florian lernen/erfahren/mitnehmen?
Immer lernen und extremen Fokus auf sehr hohe Qualität in allen Situationen haben; die sehr breite Fähigkeit, mit Menschen umzugehen: Er kann mit echtem Interesse mit dem Maurer und der Friseurin bis zum CEO und Investmentbanker sprechen und diese begeistern; die enorme Entwicklung vom Top-Mediamarkt-Verkäufer zum Top-CEO in wenigen Jahren.

Welchen TED Talk sollte ein jeder gesehen haben?
Daniel Kahneman: »The riddle of experience vs. memory«.

Gibt es etwas, das du anders machst als alle anderen Menschen?
Ich optimiere mehr als viele andere Menschen – sowohl privat

als auch beruflich (zum Beispiel steige ich in die U-Bahn möglichst so ein, dass ich so nah wie möglich beim richtigen Ausgang wieder aussteige).

Hansi Hansmann steigt ein

Den ersten größeren Anteil kaufte uns dann der legendäre Investor Hansi Hansmann im Jahr 2012 für über eine Million Euro ab. Zu einem Zeitpunkt allerdings, als wir schon lange profitabel waren. Dies war auch das erste Mal, dass wir eine größere Summe – immerhin einen sechsstelligen Betrag – privat ausgezahlt bekamen – eine große Bestätigung für mich und für die anderen, dass wir mit Runtastic alles richtig gemacht hatten. Uns war in diesem Moment klar: Wir haben jetzt ausreichend Geld hinter der Firewall, wir können unsere Gehälter zahlen und haben unsere Investments der Gründungstage drinnen. Wenn es jetzt schiefgeht, steigen wir zumindest ohne Verlust aus und haben – noch dazu – extrem viel gelernt.

Johann »Hansi« Hansmann

Zur Person:

Dr. Johann »Hansi« Hansmann ist Österreicher und studierte Wirtschaftswissenschaften in Wien. Den größten Teil seiner beruflichen Laufbahn bekleidete er Führungspositionen in der internationalen Pharmaindustrie in Österreich, Deutschland, England und Spanien. Nach einem Management-Buyout eines großen Pharmawerkes in Spanien baute er mehrere Jahre lang sein eigenes Pharmaunternehmen auf, das er 2003 erfolgreich verkaufte. Seit dieser Zeit ist er aktiver Investor und Business Angel. Er hält Beteiligungen mit geografischem Fokus auf Österreich, Deutschland, England und Spanien, vor allem an Internetunternehmen und im Gesundheitssektor. Unter seinen mehr als 40 Beteiligungen finden sich Busuu (London), Renésim (München), Diagnosia, Durchblicker, Whatchado, Tractive, Linemetrics, Anyline, Playbrush, Waytation, Journi, Swell, Cashpresso und Myclubs (siehe *www. hansmengroup.com*). Runtastic, Shpock und Mysugr begleitete er bis zu den spektakulären Exits 2015 und 2017. Er ist Präsident der Austrian Angel Investors Association, wurde 2016 als »Best European Early Stage Investor« ausgezeichnet, lebt in Wien und versucht, genug Zeit für sein Hobby Mountainbiken zu finden.

Kurzinterview:

Beschreibe bitte das Verhältnis zwischen Business Angel und Gründer.
Das hängt sicher von der Art des Business Angels ab. Es gibt da die unterschiedlichsten Zugänge. In meinem Fall – und das würde ich nicht jedem raten – entsteht zwischen den Gründern und mir meistens ein sehr persönliches und fast inniges Verhältnis. Schon allein aufgrund meines Alters werde ich für manche zu einer Vaterfigur, was natürlich eine besondere Verantwortung bedeutet. Es bedeutet auch, dass es potenziell zu Vater-Sohn-Konflikten kommen kann. Auch zu Verhaltensweisen, die möglicherweise für den Unternehmenserfolg kontraproduktiv sind. Etwa wenn jemand Entscheidungen trifft, um mich zu beeindrucken oder mich nicht zu enttäuschen. Andererseits bedeutet es, dass man mit großer Offenheit und sehr direkt die Herausforderungen anpackt. Es entwickelt sich

durchaus eine enge, auch emotionale Beziehung, meistens zwischen mir und einem der Founder. Im Fall von Runtastic waren das eben vor allem Florian (und auch Alfred).

Wie wählst du die »richtigen« Start-ups für deine Investments aus?
Bei mir ist es so, dass ich mir zuerst einmal die Leute anschaue. Viel später kommt das Geschäftsmodell. Schon allein deswegen, weil ich in der Frühphase investiere. Das Geschäftsmodell zu diesem Zeitpunkt ist typischerweise nicht das, das es letztlich wird. Aus diesem Grund ist es viel schlauer, die richtigen Leute auszusuchen. Umgekehrt funktioniert es nicht: Selbst mit dem richtigen Geschäftsmodell haben die falschen Leute normalerweise keinen Erfolg. In Wirklichkeit läuft das meiste ganz unbewusst ab. Ganz einfach gesagt: Ich muss die Gründer mögen. Und ich muss das Gefühl bekommen, sie mögen mich. Sind wir auf einer Wellenlänge? Haben wir ähnliche Mindsets? Wenn jemand, mit dem ich eng zusammenarbeiten soll, völlig andere Wertvorstellungen hat, ist das nicht ideal. Gerade im Start-up-Bereich, wo es ohnehin immer viele Krisen und Frustrationen gibt.

Abgesehen von der Sympathie: Was sind die anderen Kriterien?
Know-how, Motivation, Überzeugung. Ein weiteres Kriterium für mich: Ich bevorzuge Gründerteams und vermeide es, in Einzelpersonen zu investieren. Eine One-Man-Show mag mitunter funktionieren. Meistens geht es aber schief, weil eine einzelne Person selten alle notwendigen Fähigkeiten mitbringt. Im Start-up gilt es, einige essenzielle Rollen abzudecken: Man braucht einen Leader, der die anderen mitreißt. Einen Product Guy, der das Produkt versteht und entwickelt. Einen Verkäufer, der extravertiert sein sollte. Im digitalen

Start-up musst du auch einen Thinker an Bord haben, der Trends versteht und Visionen hat. Schließlich muss einer dabei sein, der halbwegs die Zahlen im Griff hat. Nicht für jede dieser Fähigkeiten muss eine Person da sein, und manche Menschen decken mehrere Rollen ab: Nur vorhanden müssen diese Kompetenzen sein, damit das Ganze funktioniert. Bei Runtastic hat insbesondere das Team gepasst: Einer verkörpert das Produkt (Flo), zwei Wahnsinnstechniker (Christian und René) sind dabei. Dazu Fredl für die Zahlen und das Organisatorische. Ein ideales Team, das noch dazu gut harmoniert.

Wenn du einmal den Eindruck hast, dass hier ein gutes Team am Werk ist, wie gehst du weiter vor?
Dann bin ich extrem schnell mit dem Investieren. Ich habe den großen Vorteil, dass ich nicht erst irgendeinen Aufsichtsrat fragen muss: Ich investiere mein eigenes Geld. Meistens ist es so, dass die Entscheidung, ob ich einsteigen will, intuitiv und in wenigen Minuten erfolgt. Entweder interessiert mich ein Investment, oder es interessiert mich nicht. Es gibt in der Regel kein Argumentieren und auch keine zweite Chance.

Wie hast du Florian und die anderen Runtastic-Gründer kennengelernt?
Im Oktober 2010 – also in der absoluten Start-up-Steinzeit in Österreich – war ich zufällig auf einem Gründerevent im Wiener Microsoft-Office. Florian hat auf der Bühne ein neues Feature von Runtastic präsentiert. Seine Leidenschaft hat mich gleich fasziniert: wie er – noch ungeübt, aber mit großem Selbstvertrauen – sein Produkt erklärt hat. Man hat gemerkt, dass ihm das Produkt, die Zuhörer und seine Firma unglaublich wichtig sind. In diesem Moment habe ich für mich entschieden, dass ich bei Runtastic gerne dabei wäre. Als ich dann auch noch mitbekom-

men habe, wie die drei anderen Gründer in der ersten Reihe saßen und mit Florian mitfieberten und ihn anspornten und nach dem Bühnenauftritt sofort geschlossen die Veranstaltung verlassen haben, um keine Zeit zu verlieren und möglichst schnell zum Zug nach Linz zu kommen, war ich vollends begeistert.

Wie ist es mit euch weitergegangen?
Ich bin ihnen gefolgt und habe sie auf der Straße angehalten. Zuerst haben sie sich wahrscheinlich gedacht: »Was will der Alte da von uns?« *(lacht)* Sie haben dann in unserem ersten Gespräch einen bescheidenen, erdverbundenen, lieben und zurückhaltenden Eindruck bei mir hinterlassen. Zwei Wochen später haben wir uns bei einem Essen noch einmal getroffen. Nach einer Stunde habe ich ihnen gesagt, dass ich gerne investieren würde.

Daraus wurde aber vorerst nichts. Oder?
Es hat letztlich eineinhalb Jahre gedauert. Nach den ersten Treffen haben mich Florian und Alfred immer wieder angerufen, um mir zu erzählen, wie es dem Unternehmen gerade geht. Das hat eine Vertrauensbasis geschaffen. Schritt für Schritt bin ich – glaube ich – zu einer Art Mentor für Runtastic und für Florian geworden. Wir haben immer geredet, wenn eine große Entscheidung zu fällen war. Irgendwann ist dann das erste größere Angebot reingekommen. Wie sie mir davon erzählt haben, habe ich gemeint, so toll ist das Angebot nicht. Das kann ich euch auch bieten. So bin ich letztlich doch noch bei Runtastic eingestiegen: Auch wenn der Preis sicher das Vier- oder Fünffache meines ersten Angebotes war.

Was bedeutet für dich Erfolg?
Ich bin ein Anhänger der Theorie, dass der Weg wichtiger ist als das Ziel. Was habe ich von Millionen auf dem Konto? Ich

kann morgen tot sein. Ich möchte gern meine Tage so verbringen, dass ich daran Freude habe. Will mich wohlfühlen und mit angenehmen Leuten etwas schaffen. Es ist ein Privileg, mit jungen Leuten voller Energie und Leidenschaft arbeiten zu können. Das erfüllt mich mit Stolz, hält mich jung und lebendig. Wenn – so wie bei Runtastic – dann am Ende ein Millionendeal steht: Was will man mehr?

Was war das Erfolgsgeheimnis von Runtastic?
Eine Kombination aus Faktoren: das richtige Produkt zur richtigen Zeit. Der Smartphone- und Gesundheitstrend. Dann das Team, in dem es niemals echte Troubles gegeben hat und die Burschen alles untereinander geregelt haben. Der Weg zum Erfolg ist nirgends angenehm und gepflastert mit harter Arbeit. Aber es ist normalerweise viel mühevoller als bei Runtastic.

Wie würdest du Florian als Mensch beschreiben?
Ich habe ihn als offen, transparent und unglaublich wissbegierig erlebt. Er will immer lernen, hört dir zu. Das ist unter jungen Leuten nicht selbstverständlich. Aber Florian hört zu und denkt genau darüber nach. Klar hat er auch das nötige Ego. Und es ist über die Jahre nicht kleiner geworden. Nur: Wenn du als Start-up-Founder und CEO kein großes Ego hast, gehst du unter. Was mir an Florian aber immer getaugt hat, waren die Bodenhaftung und die kleinen Gesten: Wenn er irgendwo bei Tisch sitzt oder auf einem Podium, schenkt er immer erst allen anderen Wasser ein. Daran erkennst du, ob jemand seine Umwelt wahrnimmt und schaut, was um ihn herum passiert. Wie wichtig das Team für den Erfolg war, das hat auch Florian nie vergessen, obwohl er als Mr. Runtastic gefeiert wurde. Wenn er auf einer Bühne gefeiert oder interviewt wurde, hat er *immer* auch seine Mitgründer erwähnt. Ich kenne andere

Start-ups, wo einer der Gründer den Boden unter den Füßen verloren und die anderen gegen sich aufgebracht hat.

Was macht die Geschichte von Runtastic aus deiner Sicht bemerkenswert?
Runtastic war der größte Exit eines österreichischen Start-ups. Wie es gelaufen ist, war eine totale Ausnahme. Auch weil den Foundern so viel Geld geblieben ist. Wenn die Leute in Zeitungen von einem Exit lesen und eine Zahl X hören, wissen sie nicht, dass im Normalfall den Gründern relativ wenig Geld bleibt. Es gibt etliche Finanzierungsrunden, die Anteile der Gründer werden dabei immer kleiner, Venturecapital-Firmen haben ganz harte Bedingungen. Natürlich sind die erfolgreichen Founder alle nicht arm und kassieren ein paar Millionen. Aber dass die Runtastic-Founder von dem 220-Millionen-Exit mehr als die Hälfte gekriegt haben, ist echt ein Hammer.

Was war dein Anteil am Erfolg?
Ich würde meinen: die erste große Umstrukturierung mit einer klaren Rollenverteilung. Dann habe ich ihnen geraten, aufs Business zu fokussieren. Ich wusste, dass in den ersten Jahren immer wieder Kaufangebote hereinkommen würden, die einen ziemlich ablenken können. Ich habe ihnen empfohlen: Konzentriert euch auf die Arbeit und das Produkt. Die oft monatelangen Verhandlungen mit potenziellen Investoren – etwa mit Springer – habe ich vorbereitet und intensiv daran mitgewirkt. Vonseiten der Gründer war totales Vertrauen da.

Florian erzählt immer wieder davon, wie du die Runtastic-Verhandler gebrieft hast und welche wichtige Rolle du beim Zustandekommen der Deals gespielt hast.
Ich habe in den letzten Jahren 23 Firmen verkauft. Bevor ich

mich selbstständig gemacht habe, habe ich Fusionen in der Pharmabranche begleitet. Es hat mir sehr geholfen, dass ich in jungen Jahren mit einem alten Fuchs in der Welt herumfliegen durfte, um Deals zu schließen. Beim Verkaufen geht es viel um Psychologie. Du musst die Position des anderen verstehen und dessen Schmerzgrenze kennen. Beim Geschäft willst du so nahe wie möglich an diese Schmerzgrenze kommen. Das richtig einzuschätzen, braucht viel Erfahrung und Gespür. Ich sage immer: Ich kann nicht viel außer Menschen gut einschätzen. Und mit Zahlen kenne ich mich aus. Noch etwas ist wichtig: Du musst immer einen Plan B haben, falls der Deal nicht klappt.

Nach dem Deal mit Axel Springer hat dann auch der mit Adidas geklappt. Was war das für ein Gefühl?
Hat schon gutgetan. Supergeil eben. *(lacht)*

Welche drei Bücher haben dich verändert und was sind deine Topleseempfehlungen?
Spencer Johnson: *The One Minute Sales Person.*

Welchen drei Personen folgst du auf Social Media und warum?
Martin Varsavsky – visionärer Vordenker, der sich kein Blatt vor den Mund nimmt.

Welche Empfehlungen würdest du aufgrund deiner bisherigen Erfahrungen deinem 18-jährigen Ich geben?
Sei immer neugierig. Trau dich, Dinge anders zu machen, und sag es auch. Lerne Sprachen und liebe die Menschen.

Welche zwei Urlaubsdestinationen würdest du deinem besten Freund empfehlen?
Die österreichischen Berge.

Hattest du ein Schlüsselereignis in deinem Leben, das dich dorthin gebracht hat, wo du heute bist?
Als ich relativ spät in meinem Leben beschlossen habe, doch ein Auslandsangebot anzunehmen, und nach Spanien übersiedelt bin.

Was konntest du von Florian lernen/erfahren/mitnehmen?
Seine Fokussierung auf das Produkt hat mich dazu gebracht, das auch bei anderen Unternehmen mehr in den Vordergrund zu stellen.

Auf welches Tool/welche App würdest du im Beruf/privat nicht verzichten wollen?
Auf mein Smartphone inklusive Kalender-App und E-Mail-Account.

Gibt es etwas, das du anders machst als alle anderen Menschen?
Ich gebe nie auf, wenn ich mir ein Ziel gesetzt habe. Ich weiß, dass der Weg fast nie ein gerader ist und man oft Umwege gehen muss, um zum Ziel zu kommen.

Wie motivierst du dich zu Höchstleistungen?
Die Aussicht darauf, ein Spiel zu gewinnen (im Moment spiele ich, wie man Start-ups erfolgreich macht). Ich hasse es, zu verlieren.

Josh Shaeffer

Zur Person:

Josh war Runtastics erster Vollzeitmitarbeiter in den USA. Das Kennenlernen ging ganz schnell und formlos während eines

Boardmeetings vor sich. Josh war uns von Stefan Kalteis empfohlen worden, der zeitgleich mit ihm in Barcelona einen MBA absolviert hatte. Nach einem E-Mail-Intro telefonierten wir, Josh besuchte uns einmal im Büro. Danach starteten wir unsere Expansion in die USA mit Josh als Runtastic-Mann in San Francisco. Neben der Businessbeziehung entwickelte sich bald eine sehr gute Freundschaft.

One of my favorite memories of hanging with Florian is one of our first trips together. It was the summer of 2013, after the WWDC (Apple's Developer Conference) in San Francisco. We headed to SFO to pick-up our rental car, which ended up being a Fiat 500. Lucky us!
Driving down the Pacific Coast Highway in our little Fiat, with our guns out (tank tops) and karaokeing to that summer's smash hits – Blurred Lines and Get Lucky – at the top of our lungs, we must have been quite the scene to passers-by. However, no matter how ridiculous we looked it was non-stop laughter and fun as we made our way to Santa Barbara and Los Angeles. This would be the start of many fun trips to Vegas, Thailand, and more. It never gets old hanging out with the Flomaster!
Another side of Flo is his innately competitive nature which you can see when he trains at the gym, or better yet, can come through in dive bars in New York.
During our media tour promoting the Runtastic hardware launch, we were out on the town with our public relations firm. After knocking back several drinks together, somehow a push-up contest using the Runtastic push-up app was proposed (probably by Florian). So, what did we do? We dropped down on the sticky, nasty floor of the seedy bar we were in and started doing push-ups. Of course, this turned many heads, even in New York. Florian, beer buzz and all, was not going to

lose. I dropped out around 80 push-ups, but Flo and our PR rep kept at it, and Florian bested him by a couple, nearing 100 push-ups in a row! Yeah, he's not a competitive guy! ;)

Whether it's at work or play, his competitive drive leads him to the top. If a competing app launches a new feature, Flo wants to not just match it but outdo it, and fast! It's not in his DNA to not compete.

A few additional qualities I admire about Flo are his extreme humility, thoughtfulness and great sense of humor. Florian is just a good human being!

On one of my first trips to Linz, when we were just getting to know each other, he beamed with pride as he took me to his family farm in the little Austrian hamlet of Strengberg. He relished showing me around the farm and telling me anecdotes about his childhood, where the pigs were kept, the pranks he used to play and, of course, what he wanted to do with the place – the big vision: pool, guesthouse, etc. – because Flo doesn't think small.

Showing me around Strengberg and the winding country roads, we dropped by a cider house for some Most (cider) and food. Knowing I don't eat meat and that these Most hosts did not speak English, Florian went out of his way to ensure that they could meet my self-imposed dietary restrictions.

Whether it's the little things like ensuring you get the food you want, asking how your family is doing, or caring about his employee's success, Florian embodies the qualities and traits of both a successful leader and an entrepreneur.

Kurzinterview:

Which three books changed you as a person and what are your top reading recommendations?
Age of Sustainability by Denis Pombriant; *Atlas Shrugged* by Ayn Rand; *Insight Out* by Tina Seelig.

Which three people are you following on social media and why?
N/A

What advice would you give to your 18-year-old self?
Start an app in 2008; listen to your heart (passion), not to your brain, especially when you're in your 20s; prioritize your friends and family.

Which two travel destinations would you recommend to your best friend?
Italy, Italy, Italy – food/wine/culture; Spain – Barcelona & San Sebastian; Northern California – if that friend were international. *[um … that's three. Ed.]*

Did you have a »key event« in your life that is responsible for your life today?
MBA School in Barcelona – led to meeting Stefan Kalteis and of course Runtastic – best place and people I've worked with. Who knew Linzers could be so cool!!!

What is your favorite song for working out/for working/for relaxing?
Don't have one favorite song. Too many to list. If you'd like a playlist or artists I would be happy to provide.

What could you learn from Florian?
Don't forget who you are or where you came from. No matter how much success Florian has, he is still humble, sincere, and a good guy.

Which tool/app is highly valuable to you in your working life/private life?
G Suite – Gmail, calendar, etc.

Which TED Talk would you recommend to watch?
Are athletes really getting faster, better, stronger? | David Epstein; really too many to choose from, but this was one of the more recent ones I really enjoyed.

What is something you believe that nearly no one else agrees with you on?
Being vegetarian is easy.

Who is your idol and why?
Keith Richards – amazing life story – legendary musician who partied hard, lives harder, and is a truly gifted and interesting individual (remember Johnny Depp based his Jack Sparrow character on him.)

Is there anything, you do totally different than everyone else?
Everything and nothing. Each human being is unique.

How do you get motivated for top performances?
Deep breathing, sometimes I listen to Meditation Studio sports performance meditations before tennis matches, and then on court you have to remember to forget the last point, focus and get ready for the next one.

EIN START-UP WIRD ERWACHSEN

Präsentation bei Axel Springer

Der sogenannte Innovationsraum befindet sich im 16. oder 17. Stock des Springer-Hochhauses in der Axel-Springer-Straße in Berlin. Es ist ein luftiger Saal mit tollem Ausblick über die Stadt. Locker eingerichtet mit Stehtischen – ohne Sitzmöglichkeiten. Alles sehr auf kreativ und hip. Und ein bisschen im Kontrast zum Bild eines traditionsreichen Verlagshauses.

Wir waren zuvor zwar einige Male in Berlin gewesen. Die Gespräche über einen Verkauf von Runtastic hatten ja mehrere Monate gedauert. Den Vorstand des Unternehmens kannten wir bis zu diesem Zeitpunkt allerdings lediglich vom Googeln. Bei diesem Treffen, das am 3. September 2013 stattfand, waren Vorstandsvorsitzender Mathias Döpfner, Andreas Wiele und weitere Vorstandsmitglieder dabei. Dazu das Team der Beteiligungsmanager von Axel Springer um den Österreicher Jürgen Hopfgartner samt einer Handvoll Referenten und Sekretäre.

Von Runtastic waren Alfred und ich gekommen. Auch unser neuer Partner Hansi Hansmann war dabei, der uns bei den großen Deals beriet und nicht selten im Vorfeld die Fäden zog. Von seiner Erfahrung bei Geschäftsabschlüssen profitierten wir immer wieder ungeheuer. Auch in diesem Fall würde es so sein. Aber dazu später mehr.

Wir waren in der Früh mit dem Flieger aus Salzburg angereist. Die Beteiligungsmanager für den Digitalbereich, mit denen wir in den Monaten zuvor in Verhandlungen standen, hatten uns zur Präsentation vor den Verlagsbossen eingeladen. Die Eckpunkte standen im Wesentlichen bereits fest. Aber nun galt es, den Vorstand des Konzerns von den Plänen zu überzeugen. Als Konsequenz davon waren die Beteiligungsmanager furchtbar nervös. Wir waren hingegen relativ entspannt, weil klar war – und das hatte uns Hansi auch immer wieder eingeschärft: Wir sind hier nicht die Bittsteller und können ganz selbstbewusst auftreten. Schon in Vorgesprächen hatten wir immer aus einer Position der Stärke verhandelt. Es war ja nicht so, dass uns das Geld ausgegangen wäre oder dass wir so schnell wie möglich hätten aussteigen wollen. Kein Grund also, in die Defensive zu gehen.

Wie immer war es meine Aufgabe, unser Unternehmen zu präsentieren. Wenn ich eine Präsentation mache, dann stecke ich sehr viel Energie, auch physische Energie hinein. Es reißt mich selber richtig mit. Als ich so durch das Slide Deck durchging und die verschiedenen Funktionen unserer Apps erklärte, sagte ich irgendwann zu den anwesenden Vorständen: »Wenn ihr wollt, zeige ich euch gerne eine Livedemo.«

Bis zu diesem Zeitpunkt wusste ich gar nicht, ob unser Pitch Vorstandsvorsitzenden Döpfner überhaupt interessierte. Er hielt sich im Hintergrund, war immer wieder am Telefon und schickte die anderen Vorstandsmitglieder vor. Die Beteiligungsmanager waren natürlich auf unserer Seite, die wollten ja, dass der Deal klappte. Sie erklärten, konkretisierten und schlugen Brücken. Döpfner hörte zwar ab und zu in die Präsentation hinein, ging aber immer wieder nach hinten in den Raum. Zwischendurch stellte er gelegentlich die eine oder andere Frage. Ich konnte nicht wirklich erkennen, ob ihm die Präsentation zusagte oder nicht. Als dann jedoch die Rede auf die Livedemo kam, wurde er aufmerksam. Das wollte auch er sehen.

Jetzt muss man wissen: Zu der Zeit hatten wir gerade unsere Fitness-App für Push-ups auf den Markt gebracht. Dabei legt man das Telefon unter sich auf den Boden. Mit den eingebauten Abstandssensoren – es sind dieselben, die erkennen, ob man sein

Telefon gerade am Ohr hat – kann das Smartphone die Bewegung wahrnehmen und die Liegestütze mitzählen.

Ich zog mein Sakko, das ich über dem T-Shirt trug, aus, warf mich auf den Boden und machte 40 oder 50 Push-ups. Auf der App lief der Zähler mit, während ein Beamer das Bild von meinem iPhone auf die Leinwand projizierte.

Im konservativen Setting der Verlagsbranche war es nicht gerade gang und gäbe, so anschaulich vorzuzeigen, wie eine Fitness-App funktioniert. Wie wir später erzählt bekamen, war der Vorstand von Springer ziemlich beeindruckt. Gut möglich, dass die Präsentation mit ein Grund war, weshalb sie letztlich eingestiegen sind. Sie begriffen in diesem Moment wohl, dass wir hier nicht einfach nur ein Produkt verkauften, sondern dass wir es wirklich lebten.

Am Ende des Tages wussten bei Springer beinahe alle von der Livedemo. Die Präsentation sei einmalig, außergewöhnlich und einzigartig gewesen, wurde uns mitgeteilt. Schließlich unterzeichneten wir den Vertrag: 50,1 Prozent der Anteile gingen an die Axel Springer SE – ein Deal im Wert von mehr als 20 Millionen Euro. Und das war nur der Anfang, die sogenannte Floorbewertung. Wenn es in den nächsten zwei Jahren mit dem Wachstum so wie geplant weiterginge, würde noch einmal ein zweistelliger Millionenbetrag an die Partner von Runtastic fließen und somit die Bewertung auf über 50 Millionen angehoben werden.

Bis zur Unterzeichnung dauert es noch

Bis der Vertrag dann endgültig unter Dach und Fach war, dauerte es noch eine ganze Weile. Wir hatten zwar schon am 2. September unterschrieben, das Closing fand aber erst einen Monat später statt. Der Grund dafür lag bei Axel Springer, wo man gerade die Titel *Hamburger Abendblatt* und *Berliner Morgenpost* für eine Milliarde Euro verkauft hatte. Jetzt wollte man – teilten uns die Beteiligungsmanager ganz offen mit – nicht kurz danach mit dem Runtastic-Kauf an die Öffentlichkeit gehen, fürchtete man doch, dass dadurch der Eindruck entstünde, der Verlag würde sich von seinem Kerngeschäft verabschieden und – dramatisch ausgedrückt – seine Seele verkaufen.

Eine digitale Fitness-App hat ja tatsächlich recht wenig mit dem Mediengeschäft zu tun. Und Axel Springer hatte sich in den Jahren davor dezidiert als »digitaler Verlag« positioniert, weswegen es gar nicht so leicht war zu argumentieren, weshalb wir da hineinpassen sollten. Sie argumentierten das dann mit Vermarktungsstrategien und Synergien, ich glaube jedoch, dass in Wahrheit einfach gefiel, was wir machten.

Investoren nicht zu früh ins Boot holen

Wie schon erwähnt, haben wir uns recht lange dagegen gewehrt, Investoren zu früh ins Boot zu holen. Wir wussten, wenn wir schon verkaufen wollten, dann nur an schlagkräftige Unternehmen, die Runtastic wirklich weiterbrachten. Unser Projekt entwickelte sich hervorragend. Die Downloadzahlen schossen in die Höhe. Das Geschäftsmodell von Runtastic – die Basis-App ist gratis, Erweiterungen kosten Geld – bewährte sich. Jedes Jahr verdoppelte sich sowohl die Anzahl unserer User als auch die unserer Mitarbeiter. Im Mai 2013 konnten wir mit einer besonders eindrucksvollen Zahl aufwarten: 30 Millionen Menschen hatten zu diesem Zeitpunkt eine von inzwischen 15 verschiedenen Runtastic-Apps heruntergeladen. Unser Sportportal und unsere Apps waren drauf und dran, sich als Marktführer zu etablieren. Für uns galt die Devise: *The Sky is the limit.*

Axel Springer, wo man seitens der Konzernleitung gerade dabei war, in neue Geschäftsfelder einzusteigen und sich auf dem digitalen Markt mit neuen Geschäftsmodellen zu positionieren, gefiel das natürlich.

Die Axel Springer SE als größtes Verlagshaus Europas mit ihren Zeitungstiteln und Medienprodukten in 40 Staaten, mit mehr als 15 000 Angestellten und einem Jahresumsatz von rund 3,3 Milliarden Euro erschien uns als der ideale strategische Partner. Mit Medien wie der *Bild*-Zeitung, *Welt* oder *Fakt* im Hintergrund – so unser anfängliches Kalkül – würde Runtastic einen weiteren Push bekommen, mehr öffentliches Interesse erzeugen und letztlich noch mehr User anziehen. Immerhin beherrschten die Axel-Springer-Medien nicht nur den deutschen Markt für Tageszeitungen mit einem Anteil von 23,6 Prozent. Vor allem die *Bild*-Zeitung wird in Europa von zwölf Millionen Menschen gelesen.

In Wahrheit brachte uns jedoch die Partnerschaft mit dem Verlagshaus, was die Verbreitung unserer App anging, so gut wie gar nichts. Das lag zum einen daran, dass man bei den Axel-Springer-Medien die redaktionelle Unabhängigkeit hochhielt, sodass es nicht ohne Weiteres möglich gewesen wäre, ein Produkt einfach über irgendeine Zeitung des Verlags zu bewerben, zum anderen waren wir im deutschsprachigen Raum ohnehin bereits stark. Der wirkliche Wert der Partnerschaft lag vielmehr darin, dass ein starker Partner wie Axel Springer für uns einen stabilen Schutzschild bedeutete.

Und noch etwas spielte eine Rolle: Der Vertrag mit den Deutschen war insofern offen gehalten, als er uns keineswegs dazu zwang, uns für alle Ewigkeit festzulegen. Zwar hielt Axel Springer nach dem Deal an Runtastic eine Mehrheit von 50,1 Prozent, die Entscheidung, wie wir Runtastic weiterentwickeln wollten, blieb dennoch bei uns. Ob Börsengang, Verbleib im Axel-Springer-Imperium oder Verkauf – alle diese Optionen konnten von uns frei gewählt werden. Das war uns auch deshalb wichtig, weil wir das Gefühl hatten, mit Runtastic würde es weiterhin sehr schnell aufwärtsgehen. Auf diese Weise konnten wir unsere Vision bewahren. Selbstverständlich würde Springer in jeder Variante mitverdienen, aber die Entscheidungsmacht – und das gefiel uns außerordentlich – blieb bei den vier Gründern des Unternehmens.

Andreas Wiele

Zur Person:

Dr. Andreas Wiele sitzt seit Oktober 2000 im Vorstand der Axel Springer SE. Vor seinem Engagement für Springer war der Jurist unter anderem Chefredakteur der *Hamburger Morgenpost*, Publishing Manager von *Capital* und *Geo* sowie Chief Operating Officer bei Gruner + Jahr. Als begnadeter Sportler war er auch die Ansprechperson für Runtastic während der Zeit der Beteiligung.

Anekdote:

Ist das nicht ein bisschen selbstverliebt? Florian ist gerade einmal 35 Jahre jung, hat eines der erfolgreichsten digitalen Unternehmen Österreichs aufgebaut, für sehr viel Geld zweimal an deutsche Konzerne verkauft, berät die österreichische Regierung (wurmt es ihn, dass er da nicht der Jüngste ist?), sieht verdammt gut aus, hat Selbstvertrauen und charmantes Lachen für drei und will jetzt ein Buch über sich schreiben. Und dazu soll ich einen Beitrag verfassen? Ist das nicht ein *touch too much*?

Nein, ist es nicht. Ich habe sofort zugesagt.

Florian hat genau den richtigen Schuss Größenwahn, der zum Unternehmertum gehört. Wie sonst sollte es gelingen, in der österreichischen – Entschuldigung! – Provinz mit 26 Lenzen ein Unternehmen zu gründen, das sich den Weltmarkt zum Ziel gesetzt hat. Und dann noch im Fitnessmarkt, der von US-Riesen und anderen globalen Playern aus Europa und Asien beherrscht wird. Und diesen Markt dann im Sturm zu erobern, aus dem Büro im Obergeschoss eines Linzer Einkaufszentrums.

Dazu braucht es einen wie Florian, der mitten in unserer Vorstandssitzung bei Axel Springer in Berlin Liegestütze auf dem Fußboden macht, um zu demonstrieren, wie gut seine Push-up-App funktioniert (sie funktioniert hervorragend).

Florian hat gesunden Größenwahn. Aber er hat einen noch gesunderen Heimatsinn, Bodenständigkeit und viel Herz. Von seinem ersten richtigen Geld kauft er sich und seinen Eltern den Bauernhof, auf dem seine Familie groß geworden ist. Dort ist er bis heute zu Hause, mitten in der Heimat, unbeeindruckt von den großen Verlockungen dieser Welt.

Mit seinen Mitgründern Christian Kaar, Alfred Luger und René Giretzlehner ist er eng und freundschaftlich verbunden, wo doch gerade der Erfolg paradoxerweise so manches Gründerteam entzweit.

Erst war Florian ein wichtiger Impulsgeber bei der Digitalisierung von Axel Springer, heute ist er es an prominenter Stelle für den Weltkonzern Adidas.

Florian, du hast dir deine eigene Biografie verdient. Und es spricht für dich, dass du sie dir einfach schreibst. Einfach machen. Das ist Unternehmertum. Ich freue mich schon jetzt auf den zweiten Band.

Kurzinterview:

Welche drei Bücher haben dich verändert und was sind deine Topleseempfehlungen?
Mein erstes und wichtigstes Buch, das mir mit 13 Jahren die Lust am Lesen gegeben hat, war *Momo* von Michael Ende. Es ist voll schöner Energie und Traurigkeit. Ferner Wolfgang Borcherts *Draußen vor der Tür*, ein Meisterwerk über Moral und Verantwortung. Schließlich Walter Isaacsons *Leonardo da Vinci*. Das Buch zeigt, dass der Mensch sein

Genie nur in einer freien und toleranten Welt entwickeln kann.

Welchen drei Personen folgst du auf Social Media und warum?
Ich bin kein großer Follower: ein paar Freunden auf Facebook und – es geht nicht anders –Donald Trump auf Twitter.

Welche Empfehlungen würdest du aufgrund deiner bisherigen Erfahrungen deinem 18-jährigen Ich geben?
Bleib dir, deinen Liebsten und deinen Freunden treu!

Welche zwei Urlaubsdestinationen würdest du deinem besten Freund empfehlen?
Israel, weil dort Geschichte Gegenwart trifft, und – zweitens – als lebensfrohe Bastion der Freiheit die Malediven, um die Seele baumeln zu lassen.

Hattest du ein Schlüsselereignis in deinem Leben, das dich dorthin gebracht hat, wo du heute bist?
Viele kleine Schritte und viele kleine glückliche Momente haben mich dahin gebracht, wo ich bin.

Was ist dein Lieblingssong fürs Work-out/zum Arbeiten/ zum Relaxen?
Zum Laufen Hörbücher, zum Arbeiten und Relaxen: Stille.

Was konntest du von Florian lernen/erfahren/mitnehmen?
Florians unbändiger Tatendrang ist mitreißend.

Auf welches Tool/welche App würdest du im Beruf/privat nicht verzichten wollen?
Runtastic, na klar! Office 365 für die Arbeit.

Welchen TED Talk sollte ein jeder gesehen haben?
Steve Jobs: »How to live before you die«.

Gibt es etwas Verrücktes, an das du glaubst und das keine andere Person mit dir teilt?
Als in Hamburg geborener Fan des HSV glaube ich daran, dass der HSV nie aus der Ersten Bundesliga absteigt.

Wer ist dein Idol und weshalb?
Ich bewundere Prince und viele andere Musiker für ihre Fähigkeit, Musik aus dem Nichts zu erschaffen. Eine Fähigkeit, die mir vollständig abgeht.

Gibt es etwas, das du anders machst als alle anderen Menschen?
Die Liebe zu meiner Frau und meiner Tochter.

Wie motivierst du dich zu Höchstleistungen?
Ich weiß es nicht. Es macht einfach Spaß.

Darum ist ein Mentor wichtig

Im Zuge der Verhandlungen mit Axel Springer zeigte sich auch, wie wichtig es war, einen guten, erfahrenen Mentor an der Seite zu haben. Hansi Hansmann, unser Partner, den wir 2012 ins Boot geholt hatten, erklärte uns gleich zu Beginn, was bei einem Verkauf auf uns zukäme: ein monatelanger Prozess nämlich. Ein Prozess, an dessen Ende viele Millionen Euro stehen könnten, im Zuge dessen man jedoch auch gezwungen sein würde, sämtliche Zahlen immer wieder vorzulegen. Man würde monatlich Due Diligence machen und seine Ziele samt Zahlen perfekt aufbereiten müssen. Und wenn man ein einziges Mal das angepeilte Wachstum nicht schaffte, würde man sofort im Preis gedrückt.

Noch ein Aspekt dieses Prozesses: Kein Mitarbeiter durfte davon etwas mitbekommen, sonst redete jeder nur mehr darüber, alle wären sonst nervös. Und wenn es nichts werden sollte, wären alle enttäuscht. Zugleich musste man die Mitarbeiter davon überzeugen, dass es gerade jetzt extrem wichtig war, hervorragende Zahlen zu liefern.

Im Februar 2014 ging es dann los. Wir legten unseren Businessplan und unsere Zahlen vor. Bei Axel Springer sind die Verantwortlichen im Bereich Mergers and Acquisitions natürlich richtige Vollprofis. Alle sind nett, man wird zu Abendessen eingeladen und bekommt das Gefühl, dass sie einen wirklich mögen. Zugleich wird knallhart verhandelt.

Hansi hatte uns dann eingeschärft: »Egal wie gut es läuft, macht euch erstens darauf gefasst, dass es deutlich länger dauern wird als geplant. Und zweitens: Ihr werdet im Zuge der Verhandlungen tolle Zahlen hören, am Ende wird man jedoch versuchen, euch – aus irgendwelchen Gründen – um ein paar Millionen zu drücken.«

Aus verhandlungspsychologischer Sicht ist das auch eine grundvernünftige Vorgangsweise. Wenn man ein paar jungen Menschen, die nicht reich sind, eine fiktive zweistellige Millionenzahl in Aussicht stellt, dann ist die Wahrscheinlichkeit, dass sie sich am Schluss mit vier Millionen weniger auch noch zufriedengeben, recht hoch – ist ja immer noch eine Menge Geld.

Hansi aber hatte uns für diesen Fall eingeschärft: »Wenn das passiert, stehen wir vom Verhandlungstisch auf und sagen, dass wir aussteigen, auch auf die Gefahr hin, dass der Deal dann platzt.«

Tatsächlich kam es dann ganz genau so. Die monatelangen Verhandlungen waren abgeschlossen. Die Due Diligence war durch, die Verträge lagen fix und fertig aufgesetzt vor unserer Nase. Alles war fertig zur Unterzeichnung. Da sagte unser Verhandlungspartner plötzlich: »Burschen, alles ist perfekt wie vereinbart. Nur im letzten Gespräch hat der Aufsichtsrat gemeint, die Floorbewertung sei zu hoch. Wir müssen sie um vier Millionen kürzen. Sonst klappt es nicht.«

Sie wollten also noch im letzten Moment den Preis drücken. Daraufhin standen Hansi, Alfred und ich – wir drei saßen für Runtastic am Tisch – wie zuvor abgesprochen geschlossen auf und sagten: »Wir gehen.« Ich weiß jetzt nicht mehr genau, ob wir auch aus dem Raum spaziert sind oder nicht, aber binnen einer Minute ruderte die Gegenseite zurück und lenkte ein.

Reicher, als wir es uns je hätten vorstellen können

Spätestens mit dem Axel-Springer-Deal war aus Runtastic mit einem Schlag aus einem Start-up ein erfolgreiches Unternehmen geworden. Und wir vier Gründer waren über Nacht reicher, als wir es uns je hätten träumen lassen. Nach nur vier Jahren hatte Runtastic unser Leben auf andere Grundlagen gestellt.

Als der Deal mit Axel Springer bekannt wurde, gab es in Österreich ein gewaltiges positives Medienecho. Jeder rief uns an.

Mit dem Verlagsunternehmen selbst entwickelte sich in der Folge eine gute Zusammenarbeit, auch wenn Runtastic vielleicht nie wirklich zu 100 Prozent zu Axel Springer gepasst hatte. Das Verlagshaus hatte ja einige Start-up-Beteiligungen im digitalen Bereich erworben – tendenziell handelte es sich aber eher um Jobportale, Zeitungen oder Kleinanzeigenplattformen. Immerhin lernten wir so jedoch viele andere Unternehmen in Berlin kennen.

Und währenddessen wuchs Runtastic immer weiter. Die Userzahlen gingen durch die Decke.

Markt der Fitness-Apps in Bewegung

Um nachvollziehen zu können, wie es mit Runtastic weiterging, muss man das Umfeld verstehen. Der Markt der Fitness-Apps war in Bewegung gekommen. Große Player erkannten die Möglichkeiten dieser Marktnische und begannen, sehr viel Geld in den Bereich zu pumpen. So kaufte der US-amerikanische Bekleidungshersteller Under Armour unseren Mitbewerber Mapmyfitness für 150 Millionen Dollar. Ein Jahr später übernahm das Unternehmen auch noch Myfitnesspal für satte 475 Millionen Dollar. Und im Januar 2015 schluckte Under Armour auch noch unseren dänischen Konkurrenten Endomondo. Kolportierter Preis: 85 Millionen Dollar.

Diese Transaktionen gaben uns einen Eindruck, wie viel Geld in diesem Markt steckte. Wir bekamen langsam eine Idee davon, wie viel Runtastic tatsächlich wert sein könnte. Umso mehr, als wir Endomondo bei den Userzahlen schon seit geraumer Zeit überholt hatten. Es dauerte dann nicht lange, bis bei uns wieder neue Anfragen hereinkamen. Auch vonseiten Axel Springers hieß es, dass es laufend neue Kaufanfragen gäbe.

Jetzt war es zwar nicht unser wichtigstes Anliegen, neuerlich zu verkaufen, aber wir sahen die ökonomischen Chancen und wollten entsprechend vorbereitet sein. Zwei Voraussetzungen legten wir für uns allerdings fest. Erstens: Wir verkaufen nicht, wir werden gekauft. Diese scheinbar spitzfindige Unterscheidung war für mich von größter Wichtigkeit. Sie bestimmte nämlich die Rollen in den weiteren Verhandlungen. Wer etwas verkaufen will, rutscht unwillkürlich in die Rolle eines Bittstellers, also in eine schwächere Position. Wer sich kaufen lässt, behält hingegen die Fäden in der Hand und diktiert die Konditionen.

Zweitens: Ein Verkauf muss eine Win-win-Situation für alle Beteiligten bedeuten und Runtastic so weiterlaufen, dass es allen gut damit geht – vor allem meinem Team und dem Unternehmen.

Als diese Vorentscheidung getroffen war, begaben wir uns auf die Suche nach einem Spezialisten in Sachen Mergers and Acquisitions, den wir in Andreas von der Investmentbank Allen & Co fanden. Allen & Co ist berühmt für die Abwicklung großer Börsengänge (etwa Twitter) und die Übernahmen großer Unternehmen (zum Beispiel die 19-Milliarden-Dollar-Übernahme von WhatsApp durch Facebook im Februar 2014).

Andreas meinte zwar zunächst, dass Runtastic eigentlich »ein zu kleiner Fisch« für ihn sei: »Alles unter einer Milliarde interessiert uns nicht wirklich«, erklärte er mir bei unserem ersten Treffen. Irgendwie fanden wir einander aber sympathisch und kamen zusammen. So steckten wir bald die Bedingungen für einen möglichen Verkauf von Runtastic ab. Nach der Analyse der Mergers der letzten Jahre legten wir eine Fantasiezahl fest: 180 Millionen – darunter würden wir nicht gehen. Der Verkaufsprozess konnte beginnen.

An Allen & Co schickten wir keinen langen Pitch und keine große Menge an Daten und Zahlen. Wir wussten ja bereits, dass es potenzielle Käufer gab. Wie viel Interesse an einer Übernahme von Runtastic bestand, war mir spätestens seit einer Urlaubsreise nach Moskau klar. Ich war mit drei Freunden – meinem sogenannten Lesezirkel – gerade beim Feiern, als ich mitten in der Nacht, es muss drei oder vier Uhr früh gewesen sein, im Icon Club aus irgendeinem Grund meine E-Mails checkte: Jemand hatte ein Übernahmeangebot für Runtastic gestellt. Preis: mehr als 250 Millionen Euro. Es war vollkommen surreal. Als ich die Nachricht einem Freund zeigte, konnte der es ebenfalls kaum fassen. Was sollte man in diesem Moment auch tun? Unsere Lösung: »Feiern wir weiter!«

Von solchen vielversprechenden Nachrichten angespornt, machte sich Andreas an die Arbeit. Am Ende eines mehrwöchigen Prozesses stand eine Shortlist von fünf Unternehmen, die wir uns als Partner vorstellen konnten. Es waren große internationale Sportartikelhersteller, aber auch Private-Equity-Unternehmen.

Die fünf Interessenten – ihre Namen darf ich aus vertraglichen Gründen an dieser Stelle nicht nennen – hatten ihre Headquarters in den unterschiedlichsten Zeitzonen. Das Projekt »Rocket«, wie wir es intern nannten, musste vertraulich abgewickelt werden, sodass unsere Telefonate meistens mitten in der Nacht stattfanden. Es kam nicht selten vor, dass Hansi, Alfred und ich um Mitternacht in meiner Wohnung saßen und eine Skype-Konferenz mit einem asiatischen Konzern abhielten. Wir saßen dann auf meiner Couch in T-Shirts und ziemlich leger zehn Leuten am anderen Ende der Welt in Anzug und Krawatte gegenüber. Von den Asiaten kam auch gleich ein Angebot über 250 Millionen Euro. Um den Preis wurde gar nicht lange verhandelt.

Dass es mit diesem Konzern dann doch komplizierter werden könnte, merkten wir allerdings, als sie uns gleich im Anschluss ans erste Telefonat 230 Fragen geschickt haben. »*What the fuck*«, haben wir uns gedacht: Das sah nach Arbeit aus.

Wir hatten dann Gespräche mit allen anderen Interessenten. Die Private-Equity-Unternehmen interessierten uns nicht so sehr, weil es da weniger um eine Unternehmensstrategie ging, die Runtastic einen Schritt weiterbringen konnte, sondern bloß um einen lukrativen Weiterverkauf. Unter den fünf Interessenten befand sich auch Adidas. Allerdings war das Erstgespräch ein echtes Desaster. Deren Bewertung – 80 Millionen Euro – empfanden wir, verglichen mit den Angeboten, die damals bereits auf dem Tisch lagen, als geradezu lachhaft. Für uns war Adidas damit vorerst einmal aus dem Rennen.

Wir verhandelten mit den anderen weiter. Wieder einmal hieß es: Datenraum vorbereiten, Due-Diligence-Fragen beantworten, Geschäftsberichte präsentieren. Und für die Unternehmensstrategie: Ziele nach oben schrauben. Niemals underperformen. Und dazwischen immer wieder Präsentationen, live und online. Ein asiatischer Mitbewerber quälte uns besonders: Sie präsentierten die Digitalstrategie ihres Unternehmens auf eine Art und Weise, dass man hätte meinen können, es sei nicht das Jahr 2015, sondern das Jahr 1990. Beim Gedanken, künftig vielleicht mehrmals in den Osten reisen zu müssen, um derartige Präsentationen zu erleiden, bekam ich Gänsehaut.

Adidas bringt sich (wieder) ins Spiel

Irgendwann brachte sich Adidas doch wieder ins Spiel. Wir wurden angerufen: Man wolle uns persönlich kennenlernen, es werde auch eine neue Bewertung geben. Also setzten wir ein Treffen im *Dom-Hotel* am Linzer Domplatz an. Der Meetingraum im hintersten Winkel des Hotels war einigermaßen schäbig. Man stellt sich oft vor, wenn es um Millionendeals geht, müsste der Rahmen entsprechend luxuriös sein. Keineswegs. Die Notwendigkeit, alles so diskret wie möglich abzuwickeln, zwang uns in eine ausgebaute Besenkammer. Adidas hatte drei Repräsentanten geschickt: zwei Deutsche und einen US-Amerikaner. Das Treffen begann um drei Uhr am Nachmittag. »Und Eric wird um 16 Uhr nachkommen«, erklärten uns die Manager bei der Begrüßung. Wir hatten zu diesem Zeitpunkt keine Ahnung, wie Eric war.

Es ging dann gleich los mit den Präsentationen. Alles gut, okay und nett. Aber kein Wow-Effekt. Bis dann um 16 Uhr Eric Liedtke, Executive Board Member Global Brands (CMO), zu uns stieß. Von diesem Moment an war es ein anderes Spiel. Schon mit seinem Handschlag beeindruckte mich der US-Amerikaner. Das war alles andere als ein lascher Händedruck. Von Anfang an war er mir sofort sympathisch: energetisch, offen, eine sportliche Erscheinung. Seine Präsentation war dann exzellent, richtig mitreißend.

Im Pitchen, Storytelling und Verkaufen bin ich Profi. Aber auch Eric wusste ganz genau, wie man sein Publikum beeindruckt: Schon der erste Slide seiner Powerpoint-Präsentation war hervorragend. Das Logo, die abgestimmten Farben, alles ein bisschen dirty. Es gelang ihm, Adidas auf eine Art und Weise zu pitchen, die mir das Unternehmen in einem völlig neuen Licht erscheinen ließ. Während der 30 Minuten langen Präsentation, in der er seine Slides durchlaufen ließ, fand in mir eine vollständige Transformation meines Bildes der deutschen Sportschuh- und Bekleidungsmarke statt. Von »aus dem Spiel« und »unsexy« pushten sich die Deutschen mit einem Schlag zu »bist deppert – sind die geil«.

Nach Eric war ich mit dem Pitchen dran. Und – wenn ich dem Glauben schenke, was er mir später erzählt hat – er war ähnlich beeindruckt wie ich zuvor. Ich glaube heute, diese wechselseitige Sympathie machte am Ende 95 Prozent des Deals aus.

Im Anschluss an das Meeting entschlossen wir uns spontan, noch schnell ins Runtastic-Headquarter nach Pasching zu fahren. Wir mussten den Adidas-Managern freilich einschärfen, sich nicht zu verplaudern. Von den Gründern und Gesellschaftern abgesehen, wusste keiner unserer Mitarbeiter Bescheid. Die freundliche Atmosphäre im Büro, der Tischkicker, die Art, wie mich die Leute begrüßten, dass alle offen, ehrlich und angstfrei miteinander umgingen, gefiel den Adidas-Leuten. Anhand der Flipcharts bemerkten sie, dass die Runtastic-Betriebssprache Englisch war: »Wir sind zwar hier im kleinen Linz/Pasching«, erklärte ich Eric, »aber wir sind ein internationales Unternehmen mit Mitarbeitern aus 17 Ländern.« (Heute übrigens sogar aus mehr als 40 Ländern.)

Vor dem Abendessen nahm mich Eric noch einmal beiseite. Wir saßen im Auto und unterhielten uns eineinhalb Stunden lang. »Wenn wir das durchziehen, muss es für beide Seiten funktionieren«, sagte Eric zu mir. »Ich will nicht, dass wir euch heute kaufen, und ihr werft morgen das Handtuch.« Damit traf er instinktiv genau den Punkt, der mir ebenfalls bei all den Gesprächen rund um den Verkauf keine Ruhe lassen wollte, dass wir nämlich nicht einfach unser Unternehmen übergeben und die Kontrolle verlieren wollten. Das war sehr wichtig für uns. »Wenn ihr uns frei arbeiten lasst«, habe ich geantwortet, »machen wir weiter.«

Ich kenne so viele Beispiele, wo Konzerne Start-ups übernehmen und dann umbringen, indem sie ihnen ihre eigene Kultur aufzwingen. Um so etwas im Fall eines Verkaufes zu verhindern, legte ich bereits in diesem ersten langen Gespräch mit Eric die Eckpunkte unserer künftigen Zusammenarbeit fest: dass die Runtastic-Gründer die Spitzenmanager im Unternehmen blieben; dass wir eine Firewall einziehen würden, damit nicht jeder bei Adidas begänne, sich in Runtastic-Entscheidungen einzumischen; schließlich dass die Kommunikation zwischen Adidas und Runtastic ausschließlich über Eric laufen würde. »Wenn wir da zusammenkommen«, sagte ich Eric, »ist die Basis solide genug, um miteinander ins nächste Level zu kommen.«

Wir schlugen dann im Auto ein: Ein erster Schritt war getan. Wir sind dann raus aus dem Auto, Abendessen mit den anderen, einige Bier getrunken, Gaudi gehabt, verabschiedet. Am Schluss stand gegenseitiger Respekt. Und Adidas? Plötzlich ganz hoch im Rang.

Einige Zeit lang gab es noch parallel Verhandlungen mit anderen. In der Due-Diligence-Phase im Juni engten wir das Feld schließlich auf zwei mögliche Partner ein. Gegen Ende war klar: Die Offerte von Adidas lag noch um einiges unter dem der anderen. Als dann unser M&E-Partner sagte, jetzt wäre ein guter Zeitpunkt, um exklusiv zu gehen, standen wir vor der Entscheidung: entweder 250 Millionen nehmen, aber zu vielen Bedingungen, die uns nicht wirklich passten, oder Adidas, die uns insgesamt sympathischer waren, zu diesem Zeitpunkt aber 50 Millionen Euro weniger zahlen wollten.

Wir entschieden uns dennoch im Juni, die Verhandlungen mit Adidas weiterzuführen. Die Bewertung für Runtastic damals: 210 Millionen Euro.

Im Kasten war der Deal freilich noch lange nicht. Im Gegenteil. Die Sommermonate wurden so richtig stressig. Hansi und

Alfred saßen andauernd mit Anwälten zusammen, um an Share-holder-Purchase-Agreements, Garantien, Haftungen und dem Integrationsprozess zu tüfteln. Es war ein irrsinnig aufwendiger Prozess mit unzähligen juristischen Feinheiten: Ich hatte fast jeden Abend ein wichtiges Telefongespräch. Dazu kam: Man weiß, man steht vor einem Exit für mehr als 200 Millionen, und nicht einmal die Eltern wissen davon. Eine spannende Zeit, die erlebt zu haben ich heute unendlich dankbar bin.

Eric Liedtke

Zur Person:

Eric Liedtke ist CMO (Markenvorstand) von Adidas. Der US-Amerikaner ist seit dem Jahr 1994 in verschiedenen Managementpositionen für den Sportkonzern tätig. Eric ist nicht nur selbst ein begeisterter Sportler und American-Football-Fan, sondern auch ein exzellenter Manager und einer der besten Leader, die ich kenne.

Florian is a builder. From the moment you meet Flo it is clear that he is all about making a difference in the world.
It was readily apparent when I first met him and he was explaining the creation myth of Runtastic. The story of how college friends came together to develop, build and iterate the best running app in the world. And, like all builders, he likes a challenge.
When we, adidas, came to him with a proposal to be acquired, he had many suitors. But he saw something in us that others didn't. In full disclosure, adidas had just issued two profit warnings and our share price had gone down to 55 euros. I'm not sure what he saw, but he must have been able to see what we

could be and not what we were. He accepted the challenge and the opportunity to help us build ourselves into a leading brand again. As I write this today, Florian has helped us regain our leading position in the market, and our share price hovers between 190 and 200 euros.

My final example is his most recent success: the launch of "Run for the Oceans", a passion that adidas and Runtastic share in, creating meaningful change in the world. It started with a shoe made from ocean plastic: a statement of intent as to what adidas could do to help solve the problem of ocean plastic. Florian and team quickly picked up the torch with "Run for the Oceans", an idea where the two brands could come together to let everyone participate in fixing the ocean plastic problem. On June 8, 2018, World Ocean Day, we launched the movement.

Florian is a builder. From creating startups to reviving brands to building platforms that save the Earth he is an inspiration to me and many others, because he sees what can be rather than what is.

Kurzinterview:

Which three books changed you as a person and what are your top reading recommendations?
All things Hemmingway – the power of story; *Creativity Inc* – the importance of culture for creativity; *Sapiens* – critical review of the history of our species.

Which three people are you following on social media and why?
I typically follow news outlets, companies and leaders to stay abreast of trends.

What advice would you give to your 18-year-old self?
Write more; study harder; party less; be respectful.

Which two travel destinations would you recommend to your best friend?
Berlin; Alaska.

Did you have a "key event" in your life that is responsible for your life today?
My mom challenging my work ethic when I was 19; my dad challenging my life choices when I was 20.

What is your favorite song for working out/for working/for relaxing?
Working out = Kanye West; working = no music when I need to think; relaxing = mix based on mood.

What could you learn from Florian?
Sense of urgency; be curious; always listen to the consumer.

Which tool/app is highly valuable to you in your working life/private life?
Spotify; Google Maps; Runtastic.

Which TED Talk would you recommend to watch?
Don't have one. The "How I built this" podcast is my new favorite thing – Joe Gebbia and Howard Schultz are inspiring.

What is something you believe that nearly no one else agrees with you on?
Plastic needs to be eliminated in our lives.

Who is your idol and why?
Parents; the smartest, kindest, most giving people I have ever met.

Is there anything that you do totally different than everyone else?
I'm a vegetarian who works out 5 days a week. I'm certainly not alone, but I haven't met a lot of others.

How do you get motivated for top performances?
Be clear on the objective; be prepared; find inspiration through external sources.

Schlussphase

Ursprünglich hatte unser Plan gelautet: Mitte September – wenn alle rechtlichen Fragen geklärt sind – gehen wir an die Öffentlichkeit. Auf einmal hieß es von unseren Verhandlungspartnern: Adidas wird im August die Quartalszahlen veröffentlichen und mit ihnen die Akquisition von Runtastic. Bis zum Datum der Veröffentlichung waren gerade noch zehn Tage Zeit. Aber immer noch stand der Kaufpreis nicht fest, einige Details waren nicht verhandelt, und die ganze Übernahme musste noch durch den Adidas-Aufsichtsrat. In einem Nonstop-Prozess stimmten wir in größter Eile die noch fehlenden Details ab. Aber bis zur letzten Minute wussten wir nicht, ob der Deal wirklich durchgehen würde. In meinem Hinterkopf poppte die alte Businessweisheit auf: »*A deal is just a deal, when the black is on the white and the green is on the bank.*« Wir wussten: Der Aufsichtsrat braucht nur einen schlechten Tag haben, der Aktienkurs einbrechen oder irgendetwas Unvorhergesehenes eintreten, und die ganze Übernahme scheitert.

Bis zum Schluss in der Schwebe war die Einigung über den Kaufpreis. Andreas, unser M&A-Berater, war immer noch am Verhandeln. Ein paar Tage vor der Deadline rief er aus New York an und erwischte mich im Auto auf dem Heimweg. »*Florian, we have a deal*«, sagte er, »*210 Million – this is it. It looks like they won't go higher. I don't know whether 210 is enough.*« Worauf ich antworte: »*Andreas – 210 is awesome. Let's take it. I am not greedy.*« Worauf er antwortet: »*But I am greedy, it is my job to be greedy.*« Ich: »*Please don't burn the deal.*« Er: »*Let's see*«, und legt auf.

Mir wurde heiß und kalt zugleich. Was, wenn der Knabe jetzt unser Geschäft versenkte? Zehn Minuten später klingelte mein Telefon erneut. Wieder er: »*We are done now. It is 220, and we are going exclusive with adidas from here.*«

In zehn Minuten hatte Andreas nochmals zehn Millionen Euro rausverhandelt und den Kaufpreis letztlich auf 220 Millionen Euro gepusht.

Die finale Unterschrift

Der 5. August 2015 war der Termin für die Veröffentlichung der Quartalszahlen. Am 4. August würde unterschrieben werden, vorausgesetzt das Supervisory Board (der Aufsichtsrat) von Adidas hätte zu diesem Zeitpunkt grünes Licht gegeben. Um spätestens elf Uhr sollte ich die Information bekommen, ob wir durch waren. Doch den gesamten Vormittag: kein Anruf, keine Nachricht. Ich wusste nicht, was los war. Zu Mittag: immer noch nichts. Das sind Momente, in denen man wirklich zu zweifeln beginnt. Um 12.30 Uhr rief ich dann – total entnervt – Alfred an. Der wunderte sich: »Die Adidas-Leute haben mir gesagt: *We are done.* Hast du keine SMS bekommen?« Ich schaute dann nochmals nach und stellte fest: Tatsächlich hatte ich bereits um 10 Uhr die Nachricht bekommen: *Deal is done.* Ich hatte sie nur – wie auch immer das möglich sein kann – schlicht und ergreifend übersehen.

Gestörte Welt und ultimative Bestätigung

Wenn man auf sein Konto schaut und zusieht, wie darauf gerade eine Überweisung über mehrere Millionen Euro eingeht, denkt man unwillkürlich: »Das ist doch völlig verrückt.« In der Folge verändert sich das Gefühl und wird – zumindest für mich war das nach dem Adidas-Deal der Fall – zur ultimativen Bestätigung. »*What a day!*«, dachte ich mir. Nur: Zeit lange nachzudenken und innezuhalten war keine.

Bereits einen Tag nach der Unterschrift musste die Presseaussendung rausgehen, unsere Mitarbeiter mussten informiert werden. Und schließlich meine Familie. Als ich meiner Mama von dem 220-Millionen-Deal erzählte, wusste sie zunächst gar nicht, ob das nun gut oder schlecht war.

Mit dem Wissen um die Übernahme im Kopf blieben wir die ganze Nacht auf, um eine Präsentation für unsere Mitarbeiter zu erarbeiten und um – zusammen mit den Medienleuten von Adidas – an der Pressemeldung zu feilen: »Adidas-Gruppe erwirbt Runtastic«. Am 5. August 2015 wurde sie ausgeschickt.

Presseaussendung

**Zur sofortigen Veröffentlichung – 5. August 2015:
Adidas-Gruppe erwirbt Runtastic**

Herzogenaurach/Linz, Österreich – Der Adidas-Konzern und die Runtastic GmbH gaben heute bekannt, dass die Adidas AG alle ausstehenden Anteile der Runtastic GmbH übernom men hat. Die Transaktion beziffert den Unternehmenswert von Runtastic auf 220 Mio. €.

Entsprechend dem strategischen Geschäftsplan »Creating the New« unterstreicht die Akquisition das Bestreben des Adidas-Konzerns, Sportler aller Leistungsstufen zu inspirieren und sie zu befähigen, bestmöglich von der Wirkung des Sports zu profitieren. Runtastics Vision für 2020 ist es, dass jeder Einzelne einen bewussteren und aktiveren Lebensstil verfolgt, was letztendlich zu einer höheren Lebenserwartung und einem erfüllteren Leben führt. Somit hat die Adidas-Gruppe den perfekten Partner gefunden, der in gleichem Maße davon überzeugt ist, dass Sport, digitale Ressourcen und Daten kombiniert in einer ständig vernetzten und bedarfsgerechten Welt Großes bewirken können.

Adidas war die erste Marke der Branche, die die Datenanalyse umfassend bei Athleten angewandt hat. Dank ihrer über Jahrzehnte hinweg fortlaufenden Investitionen in Sportwissenschaften, Sensortechnik, Wearables und digitale Kommunikationsplattformen hat die Adidas-Gruppe mehr als jedes andere Sportunternehmen getan, um Sportinnovationen und branchenverändernde Technologien zu entwickeln. Die Vielfalt an digitalen, vernetzungsfähigen Adidas-Produkten, darunter Bälle, Handgelenkgeräte, Bekleidung, Schuhe, Web- und Mobile-Apps, ist unübertroffen. Kein anderes Sportunternehmen deckt so viele Sportarten und Fitnessaktivitäten ab wie die Adidas-Gruppe und hat ein so tief greifendes Verständnis der Bewegungsdaten aller Athleten – von Profisportlern und Weltrekordhaltern über professionelle Sport- und Collegemannschaften bis hin zu Freizeitsportlern und Schulkindern im Sportunterricht.

Dank der Kombination der Kompetenzen beider Unternehmen ist die Adidas-Gruppe nun hervorragend positioniert, um ihr Sportwissen bestmöglich einzusetzen.

Runtastics Schnelligkeit, Dynamik und Energie werden dazu beitragen, dass die Adidas-Gruppe die Vision beider Unternehmen noch schneller erreichen kann: Sport soll inspirierend sein und zu einem festen Bestandteil im Leben jedes Einzelnen werden. Gemeinsam wollen beide Partner überraschende Sporterlebnisse schaffen, die in einem sich ständig verändernden Umfeld bestens angenommen werden und sich deutlich vom Wettbewerb abheben.

Runtastic mit Sitz in Pasching bei Linz, Österreich, wurde 2009 gegründet und hat innerhalb kurzer Zeit enormes Wachstum erreicht. Mit mehr als 140 Millionen Downloads und circa 70 Millionen registrierten Benutzern genießt Runtastic eine einzigartige und starke Position in der Branche. Runtastic zählt bereits zu den vielseitigsten Global Playern im Markt für Gesundheits- und Fitness-Apps. Seine Multi-App-Strategie mit mehr als 20 Apps, die in 18 Sprachen verfügbar sind, deckt eine Vielzahl an Ausdauer-, Gesundheits- und Fitnessaktivitäten ab. Dank einer sehr engagierten und aktiven Benutzercommunity erzielt das Unternehmen bereits solide Umsätze und Gewinne. Angesichts der hohen Benutzerzufriedenheit, der beeindruckenden Fülle an innovativen Konzepten und der sehr kurzen Markteinführungszeiten wird die Dynamik von Runtastic den Erwartungen zufolge in den kommenden Jahren robust bleiben.

Axel Springer SE war durch die Beteiligung seiner Tochtergesellschaft Axel Springer Digital Ventures GmbH mit 50,1 % Hauptanteilseigner von Runtastic GmbH. Weitere Hauptanteilseigner waren der österreichische Business Angel Dr. Johann Hansmann sowie die Unternehmensgründer Florian Gschwandtner, Alfred Luger, René Giretzlehner und Christian Kaar, die innerhalb der Adidas-Gruppe weiterhin die Geschäftsaktivitäten von Runtastic leiten werden.

All hands meeting mandatory

In der Firma beriefen wir ein All-Hands-Meeting ein, zu dem die gesamte Belegschaft eingeladen war. Ich stand dann vor allen, die Stimmung war nervös, und sagte: »*There is good news: We are getting a new strategic partner. We got acquired by Adidas.*«

In so einem Moment ist klar, dass viele Leute nicht abschätzen können, was das jetzt für das Unternehmen und für sie selbst bedeutet. Es hätte durchaus sein können, dass die Belegschaft protestiert hätte oder verärgert gewesen wäre. Die Reaktion war jedoch sehr gut: Die Leute klatschten und nahmen alles sehr positiv auf. Wir beschlossen die Präsentation mit Sekt, jeder bekam ein Paar Adidas-Schuhe, und wir organisierten einen Company-Trip. Eric kam ein paar Tage später zu Besuch, um unseren Mitarbeitern die Perspektive von Adidas zu erzählen. Es war ein unglaubliches Gefühl – ein Triumph für Runtastic als Team.

Was folgte, waren Interviewanfragen, Tausende Gratulationen und Nachrichten auf allen Kanälen. Ich war so aufgekratzt, dass ich ein paar Tage kaum schlafen konnte. Ständig war ich auf Facebook und den anderen sozialen Medien, um die Reaktionen und Glückwünsche zu lesen. Wir hatten eine improvisierte Feier im Restaurant *Paul's* am Linzer Domplatz: Zwei Spritzer weiß, dann ab ins Bett, denn am nächsten Tag brach ich zu einer Pressereise in die USA auf, um Runtastic Moment – eine analoge Uhr mit Schrittzähler – zu präsentieren. Als mir die Stewardess die Zeitungen zum Durchschauen brachte, fand sich Runtastic auf jeder Titelseite. »Gratuliere, Herr Gschwandtner«, sagte die Stewardess und lächelte mich an.

Best moments in life

War das also der beste Moment in meinem Leben? Jedenfalls einer der besten. Ein tiefes Gefühl der Anerkennung und des Belohntworden-Seins. Eine Euphorie, die sich allerdings nicht sofort entlud, sondern die eine Zeit lang »einwirken« musste und danach immer wieder – in kleinen Dosen, wenn man so will – auftauchte. Etwa wenn man in der Nacht aufwachte und einem plötzlich Details vom Vortag einfielen. Kurz nach dem Deal war so viel zu tun. Es ereignete sich so viel, dass kaum Zeit war, innezuhalten und sich zu fragen: Was passiert hier eigentlich? Ich hätte im Vorfeld gedacht, dass ein Ereignis wie dieses mein Leben mit einem Schlag verändern würde. Aber so war es nicht. Natürlich war es großartig, von so vielen zu hören, die sich für einen freuten, jedoch die Dimension realisierte ich erst wesentlich später, was uns da nämlich eigentlich gelungen war: aus dem Nichts eine millionenschwere Firma zu schaffen, es vom Bauernbub binnen sechs Jahren in die Chefetage des eigenen Unternehmens zu bringen. Fantastisch!

Lessons learned

Was ich aus alledem gelernt habe? Für mich die Quintessenz: Verhandlungstechnik und die richtigen Berater sind enorm wichtig. Oft entscheiden wenige Minuten, das richtige Maß an Beharrlichkeit und – natürlich wie immer – das richtige Quäntchen Glück über Erfolg oder Misserfolg. Natürlich war der Adidas-Deal in vielerlei Hinsicht surreal. Wie bewertet man auch ein Unternehmen, das digitale Dienstleistungen entwickelt und anbietet? Letztlich basiert alles auf einer Momentaufnahme, auf dem Spiel von Angebot und Nachfrage, auf Zukunftshoffnungen und Prognosen und dem Vertrauen in die Qualität eines Produktes. Verpasse den Trend oder schaffe es nicht, dein Unternehmen in seinen Qualitäten darzustellen – und du verlierst Millionen Euro im Bruchteil einer Sekunde. Umgekehrt – wenn Timing und Umstände passen, ist alles möglich.

VOM MANAGER ZUM LEADER

Day of new Ideas

Im Foyer des Runtastic-Headquarters in Linz/Pasching, einer, wenn man so will, überdimensionierten Wohnarbeitsküche mit reichlich Platz, hat sich an diesem Donnerstag fast die gesamte Belegschaft versammelt. Es sind 200 Menschen gekommen, die sich an lange Konferenztische setzen oder auf die Fensterbänke. Einige sind in der Küche stehen geblieben, wo an diesem besonderen Tag Brötchen angerichtet wurden. Das Buffet ist schon lange eröffnet und der Kühlschrank voll mit Bier. Zur Partystimmung passt die Musik, die aus mehreren großen Bassboxen wummert.

Als DJ fungiert ein Mitarbeiter, ansonsten bei Runtastic für Customer-Relationship-Management zuständig. Er spielt die Anfangssequenz eines Hip-Hop-Songs im Loop. Alles fühlt sich nach Party an, es ist Vorfreude, aber auch eine gewisse Anspannung spürbar – denn noch ist unklar, was in den nächsten Stunden passieren wird.

An diesem Donnerstag ist »DONI«, unser Day of new Ideas. Gleich wird Zeremonienmeister Chris Thaller die Show eröffnen. Seit dem Jahr 2012 gibt es dieses Format, das wir gestartet haben, um das kreative Potenzial, das in unserem Unternehmen schlummert, zu wecken und zu pflegen. Die Erscheinungsform der DONIs hat sich in den letzten Jahren immer wieder geändert. Aber die Grundidee und das Ziel sind gleich geblieben: unseren Mitarbeitern Zeit und Gelegenheit zu geben, *out of the box* zu denken, damit sie etwas völlig Neues ausprobieren und sich in neuen Teams wiederfinden, um Ideen zu entdecken, die ansonsten im Stress und in der Routine des Alltags verborgen bleiben.

In einer 30-tägigen Eingangsphase können unsere Mitarbeiter zunächst Vorschläge auf eine Liste schreiben und sich ein Team zur Ausarbeitung der Projektidee suchen. So setzen sich zum Beispiel zwei Softwareentwickler, ein Storyteller und eine Marketingperson zusammen und tüfteln etwas aus. Am zweiten Tag werden fünf dieser Ideen von einer Jury ausgewählt und in einem Shark-Tank-Format präsentiert.

Shark Tank heißt: Der Pitch erfolgt nicht einfach so im Team oder vor dem Management, sondern vor vier ausgewählten, mitunter auch externen »Sharks«, die die Ideen vor versammelter Mannschaft auf Herz und Nieren prüfen. Sie geben auch Tipps zur Umsetzung oder können ihre Unterstützung für einzelne Aspekte zusagen. Freilich nur dann, wenn ihnen das Projekt gefällt. Sind sie der Meinung, die Sache sei Unfug, sagen sie das auch.

Die präsentierten und für gut befundenen Projekte werden dann vom Management diskutiert. Immer wieder ist etwas dabei, das auf unsere Roadmap kommt und das wir tatsächlich umsetzen. Live-Cheering zum Beispiel war ein DONI-Projekt, das wir im Jahr 2013 in einer Betaversion einführten. Mithilfe dieses Features können Läufer von ihren Freunden live angefeuert werden. Sagen wir, du joggst heute früh um sechs Uhr über die Prater-Hauptallee, dein best Buddy steht um diese Zeit gerade auf. Er dreht sein Handy auf und sieht über Runtastic, dass du schon beim Sporteln bist. Jetzt hat er die Möglichkeit, dich während des Laufens anzufeuern. Das ist ungeheuer motivierend, und vielen Menschen macht das sehr viel Spaß.

Kreativität hegen

Wie viele Ideen, die ich bei Runtastic eingeführt habe, stammt die Idee für die DONIs schon aus dem Studium in Steyr, wo wir sehr viel mit Kreativmethoden – Brainstorming, negatives Brainstorming,

Mindmapping und dergleichen – gearbeitet haben. Ich glaube, dass gerade auch bei mittelgroßen Unternehmen sehr viel kreatives Potenzial ungenutzt bleibt, wenn es nicht gezielt gefördert wird. Mit Runtastic waren wir sehr lange – um es in der Sprache der Wirtschaft auszudrücken – nicht bloß Cutting Edge, sondern Bleeding Edge, also die kreative Speerspitze der Branche.

Für ein hungriges Start-up mit einem Team aus zehn Personen gehört das zum Selbstverständnis. Als größeres Unternehmen erfordert es mehr Aufwand, diese Position zu halten. Das liegt daran, dass das Tagesgeschäft einfach sehr viel Raum einnimmt. Wir sind jetzt, mit mehr als 230 Mitarbeitern, immer noch im Cutting-Edge-Bereich. Aber wir müssen uns die Frage stellen, wie ein Tool aussehen kann, das uns allen den Raum und die Zeit gibt, die Dinge auszuprobieren, mit denen wir auch übermorgen noch ein Geschäft machen wollen.

In der Anfangsphase von Runtastic hatten wir »Hack Nights«, bei denen alle über Nacht mit sehr viel Pizza und Cola im Unternehmen geblieben sind, um bis zum Morgengrauen zu experimentieren. Jetzt haben wir die DONIs – ein Format, das eben zu einer Belegschaft dieser Größe passt. Pizza ist aber immer noch im Spiel.

Natürlich gibt es unterschiedliche Wege, wie sich Innovation fördern lässt. Man kann ein eigenes Department oder ein Spin-off damit betrauen, man kann – so wie Google – jeden Mitarbeiter anhalten, zumindest 20 Prozent seiner Arbeitszeit damit zu verbringen, an neuen Ideen zu arbeiten. Oder man schickt – so wie Facebook – die Mitarbeiter nach fünf Jahren verpflichtend auf ein Sabbatical.

Unsere DONIs haben – abgesehen davon, dass alle mitmachen können – auch den Nebeneffekt, dass sie eine enorm positive Wirkung auf das Teambuilding und auf den Respekt der Angestellten untereinander haben. Plötzlich arbeitet man mit Leuten, die man davor nicht wirklich gekannt hat. Das verstärkt das Verständnis der Abteilungen untereinander. Im Leadership und in der Unternehmensentwicklung spricht man in diesem Zusammenhang von »Silo-Bridging«.

Mysterylunch

Ein weiteres Tool, das ebenfalls dem Silo-Bridging dient und sich für uns bewährt hat, ist der Mysterylunch. Dabei zieht man den Namen eines anderen Mitarbeiters aus einer Box und kann mit ihm auf Firmenkosten essen gehen. Oft sind das Personen, mit denen man sonst nie etwas zu tun hätte. Das bewirkt Vernetzung, mitunter entstehen auf diese Weise sogar Freundschaften.

Recruiting

Das – ohne Frage – wichtigste Gut deines Unternehmens sind die Mitarbeiter. Egal wie gut die Idee hinter deinem Start-up, den Erfolg machen letztlich immer die Menschen aus, die diese Idee umsetzen. Ich bringe immer gerne den Vergleich mit einer Fußballmannschaft: Man muss die Spieler auf den richtigen Positionen einsetzen, muss wissen, wie man jeden Einzelnen zu seiner Höchstleistung bringt. Es geht dabei sehr viel um Psychologie und um die Frage: Wie gehst du mit den einzelnen Mitarbeitern um?

Die Größe eines Unternehmens bestimmt dabei bis zu einem gewissen Grad das Ausmaß dessen, was an persönlicher Interaktion mit den Mitarbeitern möglich ist. Als kleines Start-up geht die komplette Firma zusammen Mittag essen. Man weiß von allen Kollegen, was daheim gerade passiert. Wenn das Unternehmen wächst, ändert sich das. Ich wollte immer alle Namen unserer Angestellten kennen. Als wir bei 100 Mitarbeitern waren, habe ich das aufgegeben. Als CEO muss einem bewusst sein, dass man jetzt keine kleine Familie mehr ist.

Umso jünger oder kleiner das Unternehmen, desto genauer muss man beim Recruiting sein. Das Einstellen neuer Leute übernimmt man am Anfang am besten selbst, um immer die Richtigen an die Schlüsselpositionen zu bringen. Bei Runtastic habe ich in der Anfangszeit viel auf mein eigenes Netzwerk gesetzt: Studienkollegen, Abgänger aus Hagenberg und Steyr, Studenten, die bei mir die Lehrveranstaltung besucht haben, Menschen aus meinem Bekanntenkreis, von denen ich gewusst habe, dass sie in ihrem Gebiet Experten sind. Sie habe ich zu uns in die Pluscity nach Pasching geholt. Es lohnt sich, hier Zeit zu investieren, weil gutes Recruiting einfach nicht von selbst passiert.

Natürlich haben wir in der ersten Wachstumsphase auch einige Fehler gemacht. Wir sind so schnell gewachsen, dass wir da das eine oder andere Mal nicht so genau hingeschaut haben, wer bei uns anfängt, was letztlich immer einiges an Energie kostet. Würde ich diese Phase nochmals durchleben, wäre ich deutlich restriktiver.

Man muss wissen: Ein exzellenter Mitarbeiter ist exponentiell besser als ein guter Mitarbeiter. Es gibt Menschen, die sind richtig, richtig gut. Die halten, soweit es möglich ist, alle Probleme fern von einem, kommen vielleicht ab und zu, um einem drei Optionen zur Entscheidung vorzulegen. Zu umreißen, was einen exzellenten Mitarbeiter ausmacht, ist gar nicht so einfach: Es gibt die fachliche Komponente und die kulturelle, also eine gewisse Übereinstimmung im Denken und Wahrnehmen. Exzellente Mitarbeiter gehen auch die Extrameile. Am Ende steht als Resultat der Arbeit ein Ergebnis, bei dem ich mir denke: »Wow, geil.«

Was uns bei Runtastic immer wichtig war: Wir suchen nicht die großen Solokünstler und egomanischen Superstars, wir wollen die Team-Player, die sich als Teil eines großen Ganzen begreifen. Unser Credo war immer: TEAM – Together Everyone Achieves More.

Bauchgefühl

Ich selbst bin bei Bewerbungsgesprächen irgendwann drauf gekommen, dass ich mit meinem Bauchgefühl meistens richtig liege. Oft schon nach fünf Minuten im ersten Gespräch mit einem Kandidaten hat mir mein Gefühl gesagt: »Mmh, nein. Da stimmt etwas nicht.« Das Gespräch hat dann vielleicht noch eineinhalb Stunden gedauert. Aber am Ende hat sich der erste Eindruck eigentlich immer bestätigt. Früher war ich noch nicht erwachsen genug, das Gespräch schnell zu beenden. Jetzt breche ich es spätestens nach fünfzehn Minuten ab, wenn mich der erste Eindruck nicht überzeugt.

HR-Abteilung

Am Anfang habe ich geglaubt, ich sei als CEO für alles verantwortlich und müsse jeden Vorgang bis ins Detail kontrollieren. Aber irgendwann bringt man einfach nicht mehr die Zeit auf, das Recruiting selber zu machen. Es ist allerdings extrem wichtig, dass die Human-Resources-(HR-)Abteilung ganz genau versteht, wer zu einem passt. In Schlüsselpositionen ist es weiterhin das Beste, sich persönlich am Markt umzuschauen und selbst die Leute zu holen. Man muss wissen: Gute Leute bewerben sich sehr selten. Sie werden in der Regel gut behandelt und müssen sich deshalb nicht aktiv bewerben. Die muss man abwerben, ihnen lukrativ etwas anbieten.

Es gibt da viele, die an sich sehr zufrieden sind. Aber auch denen kann man einen Floh ins Ohr setzen. Jeder Mensch hat seine schwachen Momente, jeder einmal einen schlechten Tag im Betrieb. In diesen Situationen denkt der Mensch dann über Alternativen und Angebote nach. Genau in diesen Momenten wird er sich an dein Angebot erinnern.

Ich glaube, ich habe immer ein ganz gutes Händchen gehabt, wenn es darum gegangen ist, die richtigen Leute zu rekrutieren. Das Unterbewusstsein sagt mir: Das ist ein toller Typ. Der Rest ist Verhandlungssache.

Die erste Kündigung

Ich kann mich noch gut an die erste Kündigung erinnern, die wir aussprechen mussten. Runtastic war damals gerade zwei Jahre alt. Später folgten noch mehr Kündigungen und damit auch einige Learnings für mich. Bei einem Mitarbeiter etwa wussten wir prinzipiell recht bald: Das wird nichts. Wir haben dennoch die Entscheidung hinausgezögert, für uns selbst Ausreden gefunden, um die Kündigung zu verschieben. Als wir ihm dann endlich kündigten, war der total überrascht und verletzt. Er konnte es überhaupt nicht verstehen, obwohl – aus unserer Sicht – die Schwierigkeiten deutlicher nicht hätten sein können.

Für mich war die Lektion aus dieser Angelegenheit: Es muss etwas in der Kommunikation vollkommen schiefgelaufen sein. Wie war es möglich, dass unsere Unzufriedenheit mit seiner Leistung über einen längeren Zeitraum von ihm nicht bemerkt wurde? Ich habe daraufhin versucht, Literatur zu diesem Thema zu finden. Und bin bei dem Buch *The Hard Thing About Hard Things* (Ben Horowitz)gelandet.

Was ich daraus gelernt habe und bis heute so handhabe: Man muss sich auf ein Kündigungsgespräch deutlich länger vorbereiten als auf ein Einstellungsgespräch. Wenn man schlampig in der Vorbereitung ist, wird einem das die Person eventuell ein Leben lang übel nehmen. Wenn man hingegen sachliche Argumente parat hat, schafft man die Voraussetzungen dafür, dass auch die – anfangs wahrscheinlich betrübliche Nachricht – besser und ohne Kränkung angenommen werden kann.

Wenn wir heute bei Runtastic mit der Leistung eines Mitarbeiters unzufrieden sind, beginnen wir einen Prozess, in dem der Person Gelegenheit gegeben wird, unsere Erwartungen besser zu verstehen und die eigene Leistung nachzujustieren. Die Person muss frühzeitig wissen, dass etwas nicht passt. In einem Mitarbeitergespräch zeigen wir die Mängel auf. Dann setzen wir uns die nächsten drei Monate immer wieder zusammen und schauen uns die Entwicklung an. Klappt es in diesem Zeitraum: perfekt. Klappt es nicht, suchen wir zunächst eine andere Position im Unternehmen, die vielleicht besser passt. Als letzten Ausweg müssen wir die Kündigung vollziehen. Was mit der entsprechenden Kommunikation vorab natürlich viel einfacher wird und ohne Kränkung oder Überraschung abgeht ...

Mittlerweile bin ich davon überzeugt, dass es auch für den Mitarbeiter selbst die beste Lösung ist, aus dem Unternehmen zu scheiden, wenn er nicht dazu passt. Ich glaube fest daran: Es gibt für jeden Job die eine Person, die darin richtig gut ist. Würde ich die Positionen mit Personen besetzen, die diese Anforderungen nicht erfüllen, verschwende ich unsere und deren Zeit.

Es passiert übrigens nicht selten, dass die Leute – spätestens im Nachhinein – über die Kündigung froh sind. Arbeiten in einem Job, in dem deine Leistung nicht geschätzt oder als unzureichend wahrgenommen wird, macht auf die Dauer nicht froh.

Feedback

Für mich ein Learning, das sich erst nach sieben, acht Jahren bei Runtastic eingestellt hat: Man muss die schwierigen Gespräche suchen. Es fällt immer leichter, zu loben und die guten Dinge hervorzustreichen. Aber es müssen auch die Herausforderungen klar angesprochen werden. Ich habe gemerkt, dass die meisten Menschen ehrlich dankbar für Feedback sind. Einfach weil sie dann wissen, wo sie – aus Sicht des anderen – stehen.

Leadership-Prinzipien bei Runtastic

In meiner Zeit als Runtastic-CEO haben sich für mich einige weitere Unternehmens- und Leadership-Prinzipien herauskristallisiert, die ich als essenziell für den Unternehmenserfolg betrachte. Sie umzusetzen, bedeutet für mich, den notwendigen Schritt vom Manager zum Leader zu gehen:

1. Playing to win vs. playing not to lose
Dieses Prinzip kommt aus dem Sport: Gehen wir davon aus, eine Mannschaft hat in der Europa League das Hinspiel mit 3:0 gewonnen. Jetzt ist die Frage: Wie motivierst du das Team, auch beim Rückspiel alles zu geben. Wer nämlich nur darauf aus ist, den Vorsprung zu verteidigen, riskiert letztlich, alles zu verlieren. Im Business ist es dasselbe: Sobald du aufhörst, für den Sieg zu kämpfen, setzt eine Abwärtsspirale ein: Man hört mit den Innovationen auf, man ist nicht mehr so risikoaffin. Es wird nicht lange dauern, bis einen die Konkurrenz überholt.

Lösung: Man muss spielen, um zu gewinnen. Seinen Leuten dieses Prinzip mitzugeben, ist ganz wichtig.

2. Mitarbeitermotivation
Das Team ist – wie ich oben schon ausgeführt habe – der Schlüssel zum Erfolg. Die Motivation der Mannschaft entscheidet darüber, ob Höchstleistungen erbracht werden. Denn selbst die besten Mitarbeiter arbeiten nur durchschnittlich, wenn es ihnen an der nötigen Motivation fehlt.

Ich sehe diesen Punkt als eine meiner großen Stärken. Über die Jahre habe ich versucht, meine Methoden und Zugänge systematisch zu verbessern. Originellerweise ist es – unter den vielen Büchern und Storys, die ich über Mitarbeiterführung und -motivation gelesen habe – eines aus dem Bereich der Paartherapie, das mir am meisten geholfen hat: *Die fünf Sprachen der Liebe* des

US-amerikanischen Anthropologen und Sachbuchautors Gary Chapman.

Er geht davon aus, dass es im Wesentlichen fünf Wege gibt, über die Menschen Zuneigung oder Wertschätzung kommunizieren: Lob, Zweisamkeit, gemeinsam verbrachte Zeit, Geschenke und Zärtlichkeit (im Unternehmenskontext heißt das für mich: Vertrauen schenken). Über welchen Kanal Wertschätzung und Zuneigung gesendet und empfangen werden, ist bei den Menschen sehr unterschiedlich. Mit dem Wissen um diese fünf Wege allerdings bekommt man eine Reihe wertvoller Instrumente in die Hand, um Mitarbeitern zu zeigen, dass man ihre Arbeit schätzt.

Ich verbringe viel Zeit damit herauszufinden, über welchen Kanal ich wen am besten erreichen kann. Das können Geschenke und kleine Aufmerksamkeiten sein, eine Geburtstagskarte zum Beispiel oder meinetwegen M&M's in der Geschmacksrichtung Kokos, die ich von einer Reise nach New York mitbringe.

Ein wichtiges Tool, um Wertschätzung auszudrücken, sind meine »Thursday-thank-you-Notes«, die ich den Leuten schreibe, wenn sie einen außerordentlichen Job machen. Ich verfasse diese E-Mails immer schon am Donnerstagabend. Freitag, Punkt 15 Uhr landen sie im Posteingang bei den Mitarbeitern. Was mir an diesen Notes gefällt: Fünf Minuten Aufwand werden umgehend mit Triple Benefit belohnt. Erstens freue ich mich beim Verfassen der Nachricht. Zweitens freut sich der Mitarbeiter über die Anerkennung. Und drittens bekomme ich jedes Mal eine Antwort, die ebenfalls positiv ist. (Keiner beantwortet ja eine Message mit Lob, indem er schreibt: »Ja, du Trottel. Ich weiß eh, dass ich gut bin!«)

Die Zärtlichkeit aus den *fünf Sprachen der Liebe* übersetze ich in die betriebliche Praxis mit Vertrauenschenken. Ich stoße die Leute gern ins kalte Wasser. Es ist unglaublich, wie sich gute Leute etablieren, wenn man ihnen Vertrauen einräumt. Es klingt auf den ersten Blick absurd, aber Vertrauen für gute Mitarbeiter kann bedeuten, ihnen nicht nur einen, sondern drei Rucksäcke umzuhängen.

Was ich damit meine? Als Leader ist es oft so, dass die Leute oft mit einem Rucksack voller Problemchen zu dir kommen. Die wollen sie an dich als Führungskraft abgeben. Als guter Leader wirst du sagen: »Dieser Rucksack ist deiner, den musst du wieder mitnehmen. Aber ich kann dir zeigen, wie du ihn besser tragen kannst.«

Wenn man als Leader allerdings nicht nur gut, sondern richtig gut oder hervorragend ist, hängt man dem Mitarbeiter beim Rausgehen noch einen zweiten Rucksack um. Meiner Ansicht nach ist es besser, einen Rucksack zu viel zu tragen. Denn dann wachsen die Leute aus sich heraus.

3. Entscheidungen treffen: Disagree and commit

Eine der wichtigsten Erkenntnisse, die ich von einem Leadership-Training mit den klügsten Köpfen an der Harvard Business School mitgenommen habe, ist die Wichtigkeit von Entscheidungen und von der Konsequenz, mit der sie von allen Mitarbeitern getragen werden.

Es ist ein Problem, mit dem alle Unternehmen und überhaupt alle Gruppen von Personen kämpfen: die Schwierigkeit, einen Konsens zu erzielen. Ich weiß heute, dass einstimmige Entscheidungen in Gruppen zu maximal fünf bis sechs Leuten getroffen werden können. Gruppen von 15 bis 20 Personen können Dinge diskutieren. Alles darüber hinaus taugt bestenfalls als Brainstorming oder um Informationen einzuholen.

In Harvard habe ich dann die Methode des *Disagree and commit* kennengelernt: ein Weg, um auch bei fehlendem Konsens in einer Gruppe entscheidungsfähig zu bleiben. Das Konzept wird verschiedenen Managern zugeschrieben. Amazon-Gründer Jeff Bezos aber hat es zu einem der leitenden Managementprinzipien in seinem Unternehmen erhoben. Es war auch Teil seines berühmt gewordenen Shareholder-Letters im Jahr 2016. (Kann auf meiner Homepage florian.do im Original nachgelesen werden.)

Auch bei Runtastic haben wir dieses Prinzip übernommen, weil es schlicht und ergreifend nicht möglich ist, dass 30, 130 oder sogar 230 Leute bei allen Themen einer Meinung sind. Vieles ist letztlich subjektiv. Dennoch muss das Leadership-Team eine einmal gefällte Entscheidung einhellig vertreten. »Sobald einer von euch im Nachhinein sagt: ›Ich hätte es eh anders gemacht, aber Florian wollte es so‹«, habe ich bei der Einführung von *Disagree and commit* vor einigen Jahren erklärt, »bricht unsere Einheit auseinander, und unsere Mitbewerber können dies als Schwachstelle im System nutzen.«

Mithilfe von *Disagree and commit* kann jeder seinen Widerspruch – auch gegenüber den Vorgesetzten – zum Ausdruck bringen. Ist die Entscheidung aber einmal gefällt, steht man in jedem Fall voll und ganz dahinter. So wird man im Nachhinein nie wieder darüber diskutieren müssen.

Die Fähigkeit einer Organisation, Entscheidungen zu treffen, vor allem auch schnell Entscheidungen treffen zu können, ist eines der wichtigsten Dinge. Hin und wieder werden auch falsche Entscheidungen dabei sein. Aber noch schlimmer wäre es, untätig zu bleiben. Das zu verstehen, hat meine Arbeit als CEO grundlegend verändert. Und *Disagree and commit* wurde als Werkzeug von unseren Mitarbeitern begeistert angenommen und wird seither mit Erfolg praktiziert.

4. Start with the why
Einer der TED Talks, die mich wahrscheinlich am meisten fasziniert haben, war jener von Simon Sinek: »Start with the why« (auf meiner Website findest du den Link dazu – *floriangschwandtner.com*). Darin beschreibt der Motivational Speaker und Marketingcoach die Erfolgsprinzipien von Spitzenunternehmen wie Apple, Google oder Amazon. Seine These: Jede herausragende Firma startet nicht mit der Frage, was oder wie sie etwas macht. Sein Leitsatz ist: »*People do not buy what companies do, they buy why they do it.*«

Entscheidend ob sich ein Produkt letztlich verkauft oder nicht, ist, glaubt Sinek, die Frage nach dem Warum, oder besser: die Antwort auf die Frage: warum?

Ich habe in dem Moment, in dem ich von »Start with the why« gehört habe, sofort dieses Prinzip bei Runtastic entdeckt. Ohne jemals von der Idee gehört zu haben, waren wir intuitiv Sineks Erfolgsprinzip gefolgt. Irgendwie war bei unserem Unternehmen und unserem Produkt immer ganz klar, warum wir das Ganze machen.

In einem Satz ausgedrückt: Weil wir Menschen helfen wollen, ein gesünderes, ein bewegteres und glücklicheres Leben zu führen. Das ist es, was unsere Produkte, unsere Apps auszeichnet. Das ist es auch, was unsere Kunden sofort verstanden haben und wofür sie uns schätzen.

Wer die Frage nach dem Warum stellt, tut sich sowohl im Berufs- wie im Privatleben tausendmal leichter. Kommunikation ist der Schlüssel: Lass deine Leute wissen, was da los ist und warum. Ich selbst habe mir den Golden Circle von Simon Sinek in meinem Büro auf der Wand visualisiert. (Mehr Infos ebenfalls auf meiner Website: *florian.do*)

5. Go for the difficult conversations

Ein weiteres Prinzip, das ich aus dem Lehrgang in Harvard mitgenommen habe: *Go for the difficult conversations*. Es bricht eine Routine auf, die die meisten Menschen pflegen: Wir reden gerne über Sachen, die funktionieren, aber wir meiden die schwierigen Gespräche.

Ein guter Manager muss dieser Versuchung widerstehen und gezielt die schwierigen Gespräche suchen. Für mich selber ist das inzwischen ein Leitsatz geworden. Ich habe – wie viele Menschen – lange darauf gehofft, dass sich bestimmte Probleme, Meinungsverschiedenheiten oder Missverständnisse von selbst lösen oder dass sie mit der Zeit verschwinden.

Nur: Das funktioniert nicht: Kein Problem löst sich von selbst. Wir haben bei Runtastic die Sprachregelung, dass es keine Probleme gibt, sondern nur Herausforderungen. Aber die Herangehensweise ist klar: Wir müssen die Herausforderungen klar ansprechen, um sie zu meistern.

6. Feedback geben und nehmen lernen

Feedback geben und nehmen ist eine Fertigkeit, die eine Führungspersönlichkeit auszeichnet. Wenn du Feedback als ein Geschenk annehmen lernst, kannst du eine großartige Führungspersönlichkeit werden. Wie immer ist das natürlich leichter gesagt als getan.

Was das Feedbackbekommen angeht: Die meisten Menschen gehen anfangs in eine Verteidigungshaltung. Für sie ist Feedback nicht Geschenk, sondern Angriff. Es braucht persönliche Reife und Training, Feedback anzunehmen. Gewisse Techniken helfen, etwa eine Feedbackrunde, in der die Person, um die es geht, mit dem Gesicht zur Wand sitzt. Feedback annehmen, bloß die Worte wirken lassen gelingt dann bereits einfacher, wenn man nicht in die Gesichter der Kritiker blicken muss.

Beim Feedbackgeben hilft es mir, nicht dem ersten Impuls nachzugeben und stattdessen abzuwarten. Es gibt immer wieder Momente, in denen ich mich ärgere und knapp daran bin, eine E-Mail abzusetzen. Inzwischen bin ich aber so weit, dass ich sie zwar schreibe, aber nicht abschicke. Ich warte stattdessen einen Tag ab, korrigiere sie und ziehe die Gefühle des Moments ab. Sofort klingt alles nicht mehr so dramatisch. Auch dann schicke ich die E-Mail meistens nicht ab, sondern benutze sie als Anleitung in einem Gespräch.

Vor einigen Wochen hatten wir einen Teamleader-Workshop, bei dem sich zwei unserer Leute verspäteten. Das geht natürlich nicht: In einer kleinen Gruppe schafft dies kein gutes Beispiel, und es bricht die Konzentration der anderen. Auch in diesem Fall habe ich eine E-Mail vorgeschrieben, aber nicht abgeschickt. Hätte ich das getan, hätten die beiden die E-Mail am Freitagabend bekommen. Ihr Wochenende wäre versaut und ihnen wäre die Möglichkeit genommen gewesen, zu reagieren und ihre Sicht der Dinge zu schildern. Die E-Mails sind dann am Montag um 9 Uhr in der Früh raus.

7. Zwischenmenschlichen Kontext verstehen

Den Kontext mitdenken, die Stärken und Schwächen der Leute verstehen lernen – auch das sind Fähigkeiten, die man als CEO eines Unternehmens lernen muss.

Früher habe ich mir immer gedacht: Das, was ich kann, kann jeder. Sich quälen, für eine Sache brennen, sich mit einem Produkt identifizieren und für die eigenen Ziele die Extrameile gehen. Ich musste erst lernen, dass Menschen eben total verschieden sind. Sie haben ganz unterschiedliche Schwächen und Stärken, die auf persönlichen Hintergründen und Geschichten basieren. Sie haben Familien, Freundinnen und allerlei Ballast im Gepäck. Zu lernen, sich in die Mitarbeiter hineinzuversetzen, war am Anfang gar nicht einfach.

8. Komplexität reduzieren

Aus meiner Erfahrung heute weiß ich: Der Mensch denkt viel zu komplex. Das trifft in besonderem Maße auch auf Programmierer zu. Der eigene Perfektionismus steht ihnen mitunter im Weg. Sie wollen es zu perfekt machen und verbauen sich damit die naheliegende Lösung.

Ich halte sehr viel vom Paretoprinzip, wonach 80 Prozent der Ergebnisse mit 20 Prozent des Gesamtaufwandes erreicht werden, die verbleibenden 20 Prozent der Ergebnisse hingegen mit 80 Prozent die meiste Arbeit benötigen.

Daran erinnere ich Programmierer immer wieder, wenn sie mir erklären, dass sie für ein bestimmtes Projekt 14 Tage Zeit brauchen. Hier muss man die Leute echt anspornen. Ich sage dann oft: Machen wir es miteinander. Immer wieder lässt es sich beweisen, dass es die einfachere Lösung gibt, wenn man nur genau darüber nachdenkt.

Das Überkomplexe zu erkennen, es zu benennen und dann umgehend und immer wieder zu eliminieren und mit einer besseren Lösung zu ersetzen – das macht mir großen Spaß. Und genau das habe ich im ersten Semester meines Masterstudiums herausgefunden.

9. Keynotes, Kommunikation, Präsentation

Als ich 2010 meine erste große Keynote bei einer Veranstaltung in Wien in der Ottakringer Brauerei vor knapp 1400 Leuten halten sollte, war mein Englisch ein gutes »Technikerenglisch«, also auf einem Niveau, mit dem man Fachartikel und Forschungspapers lesen und verstehen kann, aber nicht unbedingt frei und flüssig sprechen.

Ich lernte meinen Vortrag für die Keynote deshalb nahezu auswendig, etwas, das ich normalerweise überhaupt nicht mache, weil ich lieber frei spreche, um mich an die Stimmung im Saal anzupassen und um in einen gewissen Flow zu kommen. Der Vortrag selbst klappte recht gut, aber als mir Leute aus dem Publikum im Anschluss an die Keynote Fragen stellten, verstand ich sie mitunter gar nicht. Mein Englisch war zu schlecht. Konversationen zu führen, hatte ich einfach nicht gelernt. Die ganze Q&A war für mich total embarrassing. Ich habe mir geschworen: »Oida, das darf dir so nie, nie wieder passieren.«

Für mich war das der Trigger, mein Englisch deutlich zu verbessern. Ich stellte noch am selben Tag meinen Fernseher auf Englisch um. Es gab für mich ab diesem Zeitpunkt nur noch Filme und Serien auf Apple TV mit englischen Untertiteln, Bücher nur noch auf Englisch, weil mir klar war, dass das so nicht weitergehen konnte. Inzwischen ist mein Englisch zwar nicht perfekt, aber auf einem so hohen Niveau, dass ich jede Verhandlung führen kann und mich vor Publikum nicht mehr blamiere.

Nach diesem – für mich größten – Fail in Sachen Präsentationen arbeitete ich hart daran, meine Skills immer weiter zu verbessern. Inzwischen beherzige ich ein paar Tricks – egal ob ich in einem Meetingraum vor einem Dutzend Personen rede oder in einem Konferenzsaal vor mehr als 1000.

Bevor ich einen Vortrag halte, möchte ich die Bühne gesehen und – idealerweise – auch darauf gestanden haben. Ähnlich wie ein Skirennfahrer will ich den Kurs und die Lichtverhältnisse kennen. Ich will das Gefühl antizipieren, was es heißt, dort draußen zu stehen. Wenn ich als Keynote Speaker eingeladen bin, bestehe ich außerdem auf bestimmte technische Hilfsmittel: Ich möchte ein Headset statt eines Handmikrofons, ich will einen Klicker, um die Powerpoint-Präsentation zu bedienen, und am liebsten einen Fernseher vor mir auf dem Boden, der mir jeweils die Folgefolie anzeigt. Das alles hilft mir, meine Präsentationen so dynamisch und energetisch wie möglich zu gestalten.

Was den Inhalt angeht: Weniger ist mehr. Drei bis vier Punkte pro Folie sind das Maximum. Ich bin immer wieder erschüttert, wie schlecht viele Leute ihre Folien gestalten. Dabei gibt es ein ganz einfaches Prinzip: Nicht überfrachten, sonst kommen die Menschen mit dem Lesen nicht nach und hören dir nicht mehr zu.

Ein Problem, das ich bei Vorträgen habe – und ich weiß, dass es vielen Menschen ebenso geht: Ich rede zu schnell. Es hilft, sich während der Präsentation selbst Denkpausen zu verordnen. Inzwischen weiß ich, dass ich mich runterbremsen muss. Das sage ich mir selbst während des Vortrags immer wieder. Nach ein paar Slides komme ich dann auf eine angenehme Redegeschwindigkeit.

Wenn ich mir eine große Rede in Stichworten vorschreibe, füge ich zwischen den Absätzen, an den Stellen, wo ich eine Wirkung erzielen will, mit eckigen Klammern das Wort »Pause« in den Text. Wer sich die guten TED Talks ansieht, bemerkt bald, dass die guten Redner sehr gekonnt ihre Pausen setzen: Das schafft Erwartungshaltungen, erhöht die Spannung und bereitet Pointen vor.

Wenn ich dann vorne stehe, versuche ich, jeden einzelnen im Saal anzusprechen. Das gelingt natürlich nicht zu 100 Prozent ab einer gewissen Größe des Publikums und wenn einem dann vielleicht noch ein Scheinwerfer ins Gesicht leuchtet. Den Eindruck jedoch kann man zumindest erwecken. Ich verwende dazu einen »Rauteblick«, das heißt, ich suche mir vorne im Saal zwei Punkte und hinten drei und versuche, das Publikum zu visualisieren.

Mein letzter Trick (und vielleicht der wichtigste): Wenn man auf der Bühne steht, ist man der Boss. Die Leute folgen einem. Wenn man ins Mikrofon sagt: »Und jetzt stehen wir alle auf und machen Kniebeugen«, dann folgen einem die Leute in der Regel. Man braucht sich nie zu entschuldigen, und vor allem braucht man niemals nervös zu werden, wenn man etwas vergessen hat: Es kennt ja niemand die Präsentationsvorlage.

Am Schluss meine Empfehlung an jeden Unternehmer bei einem Vortrag: Einen Call to Action einbauen. Ich sage immer: »Und jetzt gebe ich euch 30 Sekunden Zeit, mir auf Instagram (mein Profil: florian.gschwandtner) zu folgen oder die App zu downloaden. Jeder App-Download zählt.«

Wenn der Veranstalter im Vorfeld zu einem sagt, man dürfe keine Werbung für sein Produkt machen, kann man das übrigens getrost ignorieren: Niemand wird dich vom Podium zerren. Es ist dies dein Moment, deine Show. Und außerdem: Wer soll es dir übel nehmen? Schließlich geht es ja ums Business ...

FLORIAN PRIVAT

Tun, was man liebt. Lieben, was man tut.

Ohne Frage bringt es große Vorteile, wenn man sich als Unternehmer mit einer Sache beschäftigt, die der eigenen Leidenschaft entspringt. Dass ich selbst Fitness und Laufen liebe, hat unter anderem den großen Vorteil, dass ich die vielen verschiedenen Runtastic-Produkte selbst testen kann. Das eigene Hobby zum Beruf zu machen, ist sicher ein Weg zum Glück, wenn auch nicht der einzige. Bei mir hat das allerdings gut funktioniert.

Laufen war übrigens am Anfang gar nicht meine Lieblingsdisziplin. Wie in früheren Kapiteln dargestellt, war ich von klein auf sehr aktiv. Auf dem Bauernhof waren wir eigentlich immer in Bewegung: Die Felder und der Wald waren unser Spielplatz, wir arbeiteten auf dem Hof, unser Leben spielte sich an der frischen Luft ab.

Meine erste sportliche Leidenschaft war das Fußballspielen, das ich bis in meine späten Teenagerjahre vereinsmäßig ausübte. Mit 15 Jahren begann ich dann damit, gelegentlich ins Fitnesscenter zu gehen. Wirklich regelmäßig wurde das allerdings erst mit dem Bundesheer. Ich war dort einer der wenigen, die viel Zeit in der Kraftkammer verbrachten. Mit drei bis vier Trainings pro Woche sah ich bald einen Effekt – und gutes Aussehen war mir immer wichtig.

Die regelmäßigen Fitnesssessions behielt ich dann, soweit es eben möglich war, auch während meiner Studienjahre bei. Früher bin ich zwischen fünf und sechs Uhr aufgestanden, um zu trainieren. In Hagenberg kam regelmäßiges Laufen dazu. Bis dahin hatte ich davon eigentlich wenig Ahnung. Ich wusste nicht einmal, dass Läufer ihre Geschwindigkeit in Minuten pro Kilometer angeben oder was unterschiedliche Laufschuhe vermögen. Mit 23 bin ich dann meinen ersten Viertelmarathon gelaufen – mit einem Kilometerschnitt von 4:25 Minuten.

Von meiner Veranlagung her tue ich mir nicht schwer damit, Muskelmasse aufzubauen. Über die letzten zehn Jahre werden es wohl fünf bis zehn Kilo gewesen sein. Ich bin ziemlich stolz auf meinen Sixpack, den ich als eine Art Gradmesser für meinen Fitnesszustand sehe, ebenso wie die Anzahl der Liegestütze, die ich am Stück hinbekomme, und dass ich mich vom Sitzen nach vorne rollen und in den Handstand heben kann. Mein Erfolgsgeheimnis für den Sixpack: zweimal pro Woche auf nüchternen Magen laufen gehen (gleich am Morgen, da genügen dann 30 bis 40 Minuten).

Ich legte früher sehr viel Wert auf die richtige Ernährung und war fast militant, wenn es um die Reduktion von Fett und Kohlenhydraten ging. Eine Zeit lang habe ich ein Ernährungstagebuch geführt, um genau zu sehen, welche Kalorienmenge ich mir zuführe. Inzwischen bin ich etwas weniger streng und esse fast alles. Es hilft natürlich, dass ich nie ein großer Fan von Brot, Nudeln und Kartoffeln war. Proteinreiche Kost, viel Fleisch und Fisch – das sagt mir mehr zu. Ab und zu ist auch eine Nachspeise drin.

Was mir wichtig ist: Steroide oder sonstige Mittel zur Leistungssteigerung habe ich immer kategorisch abgelehnt. Ich bin zwar immer wieder gefragt worden, was ich nehmen würde, aber für mich selbst war es immer ein absolutes No-Go, dem Körper irgendetwas Giftiges zuzuführen. Ich halte das für Schwindel.

Sport ist in meinem Leben nicht bloß eine Nebenbeschäftigung oder ein Hobby, ich brauche ihn einfach zum Ausgleich. Wenn ich in der Früh Sport treibe, verläuft mein ganzer Tag besser und positiver. Vor jede große Verhandlung, vor jeden Vortrag und jedes wichtige Meeting lege ich, wenn es irgendwie geht, eine Einheit Laufen oder Fitness. Ich bin dann agiler, aufgeweckter und ganz einfacher präsenter. Sport hat ohne Frage einen äußerst positiven Impact auf alle anderen Aspekte des Lebens. Das kann man ganz leicht selbst herausfinden.

Neben dem Business ist es natürlich nicht immer einfach, Zeit zu schaffen. Die Ausrede, keine Zeit für Sport zu haben, lasse ich nicht gelten. Dann muss man halt mal eine Stunde früher aufstehen. So ist es mir immer gelungen, Fitness und Laufen in meinen Alltag einzubauen. Ich bin da sehr schnell und effizient: Rein ins Studio, 50 Minuten intensiv trainieren, und schon bin ich wieder weg. Bei mir ist das Training sehr streng getaktet. Ich genieße es, aber ich dehne die Zeit nicht künstlich aus.

Das Wissen um die Kostbarkeit der Zeit war auch der Grund, weshalb wir bei Runtastic die verschiedensten Apps entworfen haben. Nämlich damit auch Menschen, die nicht unbegrenzt Zeit zur Verfügung haben, in wenigen Minuten zu einem intensiven Work-out kommen. Mit der Runtastic-Results-App kann man sich die Work-outs zusammenbauen, die einen in 15 bis 45 Minuten maximal fordern. Wenn man das zur Routine werden lässt, ist die Wirkung enorm. Wenn man sich etwa einen Plan für zwölf Wochen macht, fühlt man sich danach wie ein anderer Mensch.

Größer denken beim Laufen

Vielleicht der größte Vorteil des Laufens: Ich kann dabei enorm groß denken. Die meisten Geschäftsideen kamen mir, als ich während eines Laufes vor mich hin träumte. Manchmal kriege ich dabei fast eine Gänsehaut, wenn ich über ein neues Produkt nachdenke und mir die Idee gut gefällt. Das funktioniert allerdings nur, wenn ich nicht zu schnell unterwegs bin. Schneller zu laufen als 4:45 Minuten pro Kilometer, ist für das große Denken zu anstrengend. Dann fließt die ganze Energie in die Beine – die Kreativität macht Pause.

Dass die Produktpalette bei Runtastic heute so stark angewachsen ist, kann man auf meine Laufsessions zurückführen: Die

Push-up-App zum Beispiel ist mir währenddessen eingefallen. Auch der optische Effekt, dass bei einem Rekord in der App der Bildschirm »bricht«.

Was ich nicht bin: ein richtiger Dauerläufer. Alles, was länger als eine Stunde dauert, ist mir zu langweilig. Ich habe einmal in San Francisco beim Halbmarathon über die Golden Gate Bridge mitgemacht, Distanzen von mehr als zehn Kilometern sind für mich jedoch die Ausnahme.

Auf Reisen habe ich immer meine Laufschuhe dabei. Es ist sicher kein Zufall, dass die meisten CEOs Läufer sind. Ohne viel Aufwand kann man fast überall trainieren. In der Früh zieht man Laufschuhe und eine kurze Hose an – und losgeht's. Was gibt es Besseres, um eine neue Stadt zu erkunden und dabei fit zu bleiben? Ich versuche, in jedem neuen Land eine Runtastic-Laufsession zu machen. Mit Ausnahme von Südamerika habe ich schon jeden Kontinent belaufen.

Immer neue Ziele stecken

Insgesamt herrscht bei Runtastic natürlich eine sehr positive Konkurrenz, was die Anzahl der gelaufenen Kilometer angeht. Die Mitarbeiter scheinen in den Ranglisten mit ihrer Kilometeranzahl und ihrer Geschwindigkeit auf. Meine Gründerkollegen haben in den letzten Jahren ziemlich Gas gegeben und mich mit ihrer Leistung gehörig unter Druck gesetzt.

Letztes Jahr habe ich mir dann ein neues Ziel gesteckt: Ich wollte zehn Kilometer unter 40 Minuten laufen. Ich habe natürlich gewusst, dass sich das nicht zufällig so ergibt. Also nahm ich einen Trainer, erstellte einen effizienten Trainingsplan, mit dem ich im Dezember 2016 startete. Im Mai des darauffolgenden Jahres wollte ich auf mein angestrebtes Tempo kommen. Dieses zielgerichtete Training – muss ich ganz offen sagen – brachte mich wirklich an meine Grenzen: Ich war bei jedem Wetter draußen, egal ob Regen, Schnee oder Minusgrade. Dazu kamen Intervalltrainings auf der Laufstrecke im Stadion.

Als ich bei meinem Training am 1. Januar 2017 den Kilometer auf 5:10 Minuten lief, dachte ich: »Das war's. Ich sterbe.« Ich konnte mir beim besten Willen nicht vorstellen, wie ich jemals unter die vier Minuten pro Kilometer kommen sollte. Mit der Zeit wurde es aber immer besser, ich wurde schneller und schneller. Im März war ich dann tatsächlich so weit: Erstmals schaffte ich einen Kilometer unter vier Minuten.

Nach einigen Rückschlägen und einer heftigen Grippe schaffte ich es beim Wiener Marathon im Staffelwettbewerb dann tatsächlich auch auf längere Distanz: Zehn Kilometer in 39 Minuten und 51 Sekunden!

Einfach war es freilich nicht, vor allem die letzten 300 Meter waren hart, natürlich auch, weil ich das Handy rausnehmen musste, um nachzuschauen, ob es sich ausgehen würde. Auf Facebook hatte ich meinen Versuch natürlich ebenfalls groß angekündigt, um mir anständig Druck zu machen.

100 Liegestütze am Stück

Im vergangenen Jahr setzte ich mir ein weiteres Ziel, nämlich 100 Liegestütze am Stück zu schaffen. Mein Rekord lag um die 80. Ich dachte mir irgendwann, dass es fast peinlich sei, die 100 nicht zu schaffen, wenn man zugleich eine App auf den Markt brachte, mit der man exakt das trainieren konnte.

Mein Freund Günther hatte irgendwann damit begonnen, jeweils in der Früh und am Abend 100 Liegestütze zu machen, auf mehrere Etappen eben, um sich in Richtung der 100 vorzutasten. Das habe ich ebenfalls übernommen. Als wir dann irgendwann miteinander trainierten, spürte ich, dass es ganz gut lief. Günther gab 70 Stück vor. Ich war dann plötzlich bei 80, bei 90 und schließlich bei 100. Bei 106 Stück ging dann nichts mehr. Mein absoluter Rekord liegt inzwischen bei 116 Liegestützen. Aber dazu muss ich richtig gut drauf sein, und alles muss passen.

Momentan bin ich mit meinem beleidigten Rücken vorsichtiger unterwegs. Kein Laufen, im Fitnesscenter nur Übungen, die die Halswirbelsäule schonen. Aber die Zeiten werden wieder anders werden. Nächstes Jahr möchte ich meinem Körper zünftig Stoff geben und viele schiache (österreichisch für: hässliche) Muskelkater heimbringen. Ein Muskelkater ist ein irrsinnig geiles Gefühl. Für mich fühlt sich dieser Schmerz gut an, weil du weißt, dass du deinen Körper gefordert hast und etwas weitergeht.

Ich glaube, es hält lebendig, sich immer neue Ziele zu stecken und diese dann zu verfolgen. Es macht auch Spaß, neue Dinge zu beginnen: Erst 2017 habe ich mit einem befreundeten Coach ordentlich Schwimmen gelernt. Bis dahin war ich im Kraulen eine Niete. Und vor einigen Jahren begann ich wieder mit dem Skifahren. Auch dieser Sport lag seit meinen Schulskikursen brach.

Wenn es irgendwie geht, versuche ich, mir eine neue Sportart oder eine neue Fähigkeit mithilfe eines guten Lehrers anzueignen. Damit geht es zehnmal so schnell. Man lernt in drei Stunden, was man sich sonst mühselig in drei Wochen aneignen müsste.

Außerdem auf meiner *Bucket List:* Spanisch lernen, Gitarre spielen und Kitesurfen.

Austausch via Social Media

Aufgrund der steigenden Popularität von Runtastic und der vielen Berichte in den Zeitungen kennen mich inzwischen viele Leute, die sich für Sport, Laufen und das Start-up-Geschehen interessieren. Ich habe früh schon auf die Sozialen Medien gesetzt, um Runtastic im Gespräch zu halten. Dazu gehört es, dass ich mit meinen Trainings und meinen Zielen sehr offen umgehe. Viele Aspekte meines Lebens sind gläsern und für jeden nachzuvollziehen. Ich habe das immer als Selfmarketing im Sinne des Unternehmens gesehen. Jeder Post auf Facebook oder auf Instagram stellt eine Chance dar, einen neuen Kunden auf Runtastic aufmerksam zu machen.

Der zweite Aspekt: Ich habe mich früh als Role Model für andere begriffen. Ich möchte vorleben, dass es möglich ist, eine Firma zu führen und dennoch Sport zu treiben. Ich möchte vorleben, dass es möglich ist, einen Abend feiern zu gehen und am nächsten Tag dennoch einen guten Job zu machen. Wenn ich mit Bierbauch und Tschick (österreichisch für: Zigarette) im Mund auftreten würde, wäre das alles andere als authentisch.

Ich weiß, dass ich viele Menschen durch Runtastic motiviert habe, ihre eigenen Höchstleistungen zu erreichen und ihr Leben durch Sport zum Besseren zu verändern.

Auch hin und wieder einen Erfolg zu zelebrieren, gehört dazu, etwa als ich mir meinen Porsche gekauft und damit einen langjährigen Lebenstraum erfüllt habe.

Natürlich bekomme ich auf meine Posts nicht nur positive Rückmeldungen. Und selbstverständlich kann ich auch nicht jedem meiner 3000 Facebook-»Freunde« und jedem meiner 14000 Follower auf Instagram antworten. Das kann Anlass zu Ärger sein und mir als Arroganz ausgelegt werden. Ich bekomme jedoch eine regelrechte Flut an Nachrichten und schreibe auch so oft wie möglich zurück – am liebsten, wenn etwas Lustiges hereinkommt. Alles kann ich jedoch nicht beantworten – und kann inzwischen auch leben damit.

In einen Streit oder eine Diskussion lasse ich mich auf den Social Media nicht verwickeln. Ich bringe keine Gegenargumente, sondern lasse einfach alle Meinungen so stehen.

Natürlich schöpfe ich aus dem Feedback der vielen Leute auch persönliche Motivation. Jedes Like, jeder Kommentar und jeder Share ist eine kleine Bestätigung für mich und für das Business.

Ich sehe das als Fortführung des Micromanagements aus unseren Anfangstagen, als ich den Leuten, die mir begegnet sind, unsere App auf dem Handy noch persönlich installiert habe. Mir war immer klar: Jeder einzelne Download zählt.

Stress mit Social Media

Meiner Meinung nach kann man das Bespielen eines persönlichen Social-Media-Kanals nicht an Dritte auslagern. Es käme mir total unehrlich vor, wenn da jemand in meinem Namen etwas posten würde. Allerdings sehe ich, dass einem dieser ständige Buzz zu viel werden kann. Ich würde meinen, dass ich jeden Tag sicher zwanzigmal die diversen Apps öffne. Es ist sicher eine gute Möglichkeit, um auch News und Infos mitzubekommen und den richtigen Leuten zu folgen. Mitunter ist es mir einfach zu viel. Einer meiner Vorsätze für das nächste Jahr lautet deshalb: einen Teil meines Lebens im Flugzeugmodus zu verbringen und nicht mehr 24/7 erreichbar zu sein.

Florian und die Autos

Als Heranwachsender transformierte sich meine Liebe zu Mopeds bald zu einer Liebe zu Autos. Lange bevor ich das Geld für ein eigenes Auto hatte, träumte ich davon, mir meinen eigenen Wagen leisten zu können. In meinem ganzen Freundeskreis damals war es wichtig, mit 18 Jahren ein cooles Auto zu haben. Klar, erst mit dem Auto hatte man die Chance, von zu Hause wegzukommen und sich eine gewisse Unabhängigkeit zu schaffen. Das Auto war jedoch mehr als bloß ein Mittel für diesen Zweck, es war ein Statussymbol. Heute ist es mir gleichgültig, welches Auto jemand fährt oder ob er überhaupt einen Bezug zu Autos hat. Als Jugendlicher allerdings war mir das extrem wichtig.

Mir machte das Schrauben und Tunen großen Spaß. Ich verschlang jedes Heft zu dem Thema und wusste damals auch alles, was es zu wissen gab darüber. Die Technik interessierte mich. Noch bevor ich selbst Autos hatte, baute ich Auto-Hi-Fi-Anlagen von Freunden um: Ich reduzierte den elektrischen Widerstand, damit die Leistung stärker wurde. Was ich gelernt hatte, wollte ich jeweils so schnell und so gut wie möglich anwenden.

Für mein erstes eigenes Auto war klar: Ein VW Golf musste es sein. Und mit dem Geld von dem landwirtschaftlichen Praktikum aus Schleswig-Holstein in der Tasche konnte ich mir den Traum endlich erfüllen. Mit einem Kollegen fuhr ich zu einem Autohändler in Ennsdorf und kaufte für 42.000 Schilling (ca. 3.000 Euro) meinen ersten Golf 2, Baujahr 1990, der – deswegen gefiel er mir ja so gut – bereits ziemlich weit weg war vom Serienmodell: Alufelgen, Spurverbreiterung, getönte Scheiben. Mit 80 PS Leistung lag er knapp oberhalb der PS-Begrenzung, die mir meine Eltern auferlegt hatten.

Besagter Autohändler genießt bis heute übrigens einen einigermaßen zweifelhaften Ruf. War er doch bekannt dafür, auch Fahrzeuge weiterzuverkaufen, die – um es einmal so auszudrücken – einer sorgfältigen Kontrolle durch das Auge des Gesetzes nicht standgehalten hätten. Auch bei meinem Golf waren einige Sachen nicht typisiert oder sogar kaputt, was mich jedoch keineswegs kümmerte. Viel wichtiger war die Farbe – schwarz – und ein »böser Blick«, also mit Verkleidungsteilen teilverbaute Scheinwerfer.

Das erste Wochenende nach dem Kauf verbrachte ich damit, ein richtig gutes Audiosystem einzubauen, mit Zehnfach-CD-Wechsler, zweimal 36-Zentimeter-Subwoofer und sechs Boxen, und bei erstbester Gelegenheit holte ich meine Freunde damit ab. Es ging ins X-Large zum Tanzen und Feiern. Natürlich geriet ich gleich bei der Fahrt zurück aus der Disco in meine erste Polizeikontrolle. Ein Glück nur, dass ich mir bereits damals angewöhnt hatte, beim Fahren vom Alkohol die Finger zu lassen.

So setzte es nur eine Ermahnung wegen der abgefahrenen Sommer-
reifen (im Winter). Geldstrafen sollten dann einige Zeit später
folgen ...

Der Unfall

Mein zweites Auto war ein Vierer-Golf, den ich vom Vater meiner
damaligen Freundin für 80.000 Schilling (ca. 6.000 Euro) gekauft
hatte. Auch der wurde getunt und tiefergelegt. Aber anders als bei
meinem ersten Golf war jetzt alles ordentlich typisiert. Ich war
jetzt beim Bundesheer in einer Kaserne in Amstetten stationiert.
Diese letzte Phase meines Dienstes beim Heer hatte ich eine sogenannte Heimschläfergenehmigung und wohnte deshalb wieder
bei meinen Eltern/meiner Freundin.

Es war der 15. August 2003, Mariä Himmelfahrt, ein Dienstag, als
ich zusammen mit einem Freund ins Fitnesscenter nach St. Valentin
zum Training fuhr. Am Golf waren fette 18-Zoll-Reifen aufgezo-
gen, mit wenig Profil. Ich hatte sie billig auf eBay aus Asien gekauft. An diesem Tag hatte es viel geregnet. Das Wasser stand auf
der Straße. Zwischen Strengberg und Thürnbuch passierte es
dann: Aquaplaning. Der Wagen brach zuerst nach links, dann
nach rechts aus, geriet ins Schlingern. Dann ging es raus ins Feld.
Die Airbags gingen auf. Ich kam zum Stehen.

Als ich hinunter zum Beifahrersitz schaute, sah ich, dass die
gesamte Bodenplatte aufgerissen war. Im Fußraum auf der Beifah-
rerseite sah man den Ackerboden. Was war geschehen?

Auf dem Feld waren Verschalungen zum Kanallegen gelagert.
Genau dort war ich reingeknallt, deswegen auch der schwere
Schaden am Auto.

Mein Freund meinte noch: »Komm, lassen wir das Auto stehen. Fahren wir trainieren!« Und ich dachte nur: »Was redest du

da, mein Auto ist total kaputt. Mein geliebtes Auto!« – in das ich so viele Stunden Arbeit investiert hatte.

Mein Vater kam dann mit dem Traktor, und wir schleppten den Wagen ab. Gott sei Dank ist uns nichts passiert. Der Golf war jedoch ein Totalschaden und mein Traum vom Auto – fürs Erste – ausgeträumt.

»Runter vom Höhentrip«

Ein Freund von mir sagte damals: »Vielleicht ist der Unfall nicht das Schlechteste für dich. So kommst du runter von deinem Höhentrip.« Diese Aussage ärgerte mich damals sehr. Aus heutiger Sicht jedoch war, denke ich, wahrscheinlich sehr viel dran. Damals stellte ich mir jedoch lediglich die Frage, wie ich an ein neues Auto kommen würde.

Ich rief dann Erwin, einen Freund von mir, an, von dem ich wusste, dass er einen alten Fiat Uno im Garten stehen hatte. Dieses Auto, Baujahr 1984 und damit genau ein Jahr jünger als ich, hatte 44 PS, einen Dieselmotor und war weiß. Ich kaufte es ihm für 110 Euro ab. Was für ein Unterschied zu den früheren Autos!

Am nächsten Tag fuhr ich mit dem kleinen Fiat zum Bundesheer. Ich kann mich erinnern, dass ich während der Fahrt ein Kapperl aufsetzte und tief ins Gesicht zog, so sehr schämte ich mich. Das Auto schaffte auf der Autobahn gerade 60 Stundenkilometer. Kein Wunder: Der Wagen war zuvor fünf Jahre lang gestanden. Es ist im Lauf der Zeit etwas besser geworden. Aber spritziges Fahren war mit dem Auto nicht möglich.

Die Lektion, die ich daraus gelernt habe: Meine Freunde nehmen mich nicht um einen Deut anders war, ob ich nun in einem billigen oder in einem teuren, schnellen Auto sitze. Guten Freunden ist Prestige, das mit einem Auto verbunden ist, vollkommen gleichgültig. Für mich hat das den Materialismus, der mich zu dieser Zeit sehr stark geprägt hat, infrage gestellt. Oder vielleicht besser: in eine andere Relation gerückt. Ein Ding – das war meine Lektion – kann schön für mich sein, aber die Umwelt interessiert es wenig. Das gilt dann übrigens nicht nur für die Freunde, sondern auch für die Freundinnen, wie mir schnell bewusst wurde. :)

Vom Spaßfaktor her war der Fiat Uno übrigens allen anderen Autos weit überlegen. Wir fuhren gelegentlich sogar zu siebent damit. Essen und Rauchen war erlaubt. Ich sagte meinen rauchenden Mitfahrern: »Äscherts einfach auf den Boden!« Jeder, der ein Pickerl dabeihatte, durfte es innen oder außen einfach draufkleben. Es war mir komplett wurscht. Eine lustige Zeit.

Ich verkaufte den Fiat dann irgendwann um 180 Euro weiter. Der Käufer wollte noch den Preis verhandeln, ich gab aber nicht nach. Der Wagen war immerhin halb vollgetankt! Auch hier gab es für mich wieder eine Lektion zu lernen: Man kann ein Jahr lang mit einem Auto fahren und es danach gewinnbringend verkaufen.

Motorsport

Autofahren macht mir heute natürlich immer noch sehr viel Spaß. Ich genieße es als eine Möglichkeit, zu entspannen und runterzukommen. Die Wege in die Arbeit oder zu Vorträgen sind für mich Auszeiten: gute Musik und ein gutes Auto, etwas Zeit alleine und ungestört – das macht mir Freude. Aber Autos haben für mich nicht mehr den Fetischcharakter wie früher. Ich weiß inzwischen, dass es für das Ansehen einer Person vollkommen egal ist, mit welchem Vehikel sie daherkommt. Alkohol am Steuer ist sowieso tabu. Und seit dem Unfall fahre ich wesentlich vorsichtiger – vor allem bei Regen.

Natürlich bin ich immer noch ein großer Auto- und Motorsportfan. Keine Frage. Deshalb, weil ich schon als Kind Moped und Motocross gefahren bin, habe ich früh ein Gefühl für den Motorsport entwickelt.

Ich habe allerdings auch bald bemerkt, dass Motorradfahren für mich nicht das Richtige ist: Natürlich ist es geil: die absurde Beschleunigung, die Geschwindigkeit ... Du bist alleine, und du brauchst niemand anderen. Die Risiken für dich und für andere sind dabei allerdings deutlich höher. Speziell für jemanden wie mich, der gerne einmal eine Grenze überschreitet. Beim Motorradfahren, wo du so viel Kraft mit einer minimalen Bewegung des Handgelenks kontrollierst, kannst du die Grenze oft nicht einmal wahrnehmen, weil alles so schnell geschieht. Es braucht nur ein kleiner Stein oder irgendetwas auf dem falschen Punkt auf der Straße liegen – und es ist vorbei.

Ich hatte selber so viel in mich selbst investiert, ins Studium, in meine Ausbildung, ich hatte und habe so große Pläne, dass ich dieses Risiko einfach nicht eingehen wollte, sosehr mich Motorsport und Geschwindigkeit auch immer begeistert haben. Schon als junger Mensch war mir irgendwie klar: Wenn ich auf dem Motorrad weiterfahren würde, wäre ich bald tot. Das habe ich gewusst.

Meine Lust an der Geschwindigkeit hat sich folglich aufs Autofahren konzentriert. Öffentliche Straßen sind allerdings auch nicht der richtige Ort, um den Geschwindigkeitsrausch auszuleben. Seit dem Jahr 2015 habe ich die Rennfahrlizenz. Ich bin beim Porsche Cup GT3 am Hockenheimring mitgefahren. Das ist fast so toll wie Motorradfahren oder sogar noch besser. Selten in meinem Leben war ich jemals so fokussiert. Man denkt keine Millisekunde an irgendetwas anderes. Man schwitzt, man ist völlig im Moment, hört die Geräusche des Motors laut ... Alles ist total unmittelbar. Es ist Meditation pur.

Wenn man dann am Abend, nachdem man drei Stunden auf der Rennstrecke gefahren ist, im Bett liegt, fährt dein Gehirn weiter mit dir im Kreis. So intensiv ist diese Erfahrung, dass sie wie ein Echo im Kopf nachhallt. Man kann dann die Strecke in Gedanken ganz genau durchgehen und weiß präzise, wie man jeden Meter fährt. Runterschalten in den Zweiten, rechts rüberfahren, um die Linkskurve vorzubereiten … Es ist unglaublich, wie sich unser Bewusstsein so einer Herausforderung anpasst und wie schnell wir lernen.

Ich bin damals mit einem Profifahrer am Hockenheimring gefahren, der hat mir genau erklärt: »In dieser Kurve hast du 1,5 Sekunden liegen lassen, dort zwei Sekunden. Hier hast du zu spät aufgemacht, dort nicht genug im Kurvenausgang beschleunigt. Deshalb hast du auf der Geraden Endgeschwindigkeit verloren.« Er konnte mir das ganz im Detail sagen, jeden kleinen Fahrfehler, jede Ungenauigkeit.

Wir Männer glauben immer, wir können Auto fahren. Aber auf dem Ring, auf der Rundstrecke merkst du dann den Unterschied zwischen Auto-fahren- und Wirklich-Auto-fahren-Können sehr schnell.

Zwei- oder dreimal in meinem Leben bin ich auch Rallye gefahren. Abgesehen davon, dass mir dieser Sport wahrscheinlich zu zeit- und geldintensiv wäre, war dies auch eine interessante Erfahrung. Das letzte Mal war ich mit dem österreichischen Rallyefahrer Beppo Harrach als Instructor auf einer Strecke im Burgenland unterwegs.

Ich überschlug mich in der dritten Kurve dennoch fast, weil wir viel zu schnell rein sind. Harrach sagte hinterher dann: »Das ist typisch für euch Unternehmertypen. Während der Durchschnittsmensch sich vorsichtig an eine Grenze herantastet, geht ihr gleich aufs Ganze und überschreitet die Grenze einmal ordentlich und schaut, was passiert.«

Ganz daneben wird er damit nicht liegen. Ich bin schon für das Extreme zu haben. Ich liebe alles, was mit Speed und Adrenalin zu tun hat.

Freundschaft

Im Allgemeinen versuche ich, Geschäft und Freundschaft zu trennen. Eine Ausnahme sind meine Gründerkollegen, mit denen aus einer intensiven Arbeitsbeziehung eine innige Freundschaft entstanden ist. Gute Freunde bedeuten für mich gegenseitige Inspiration, Verlässlichkeit und einen ehrlichen Spiegel, um sich immer wieder aufs Neue zu entdecken und zu erkennen. Idealerweise gibt es in einer Freundschaft auch die Momente, in denen man sich vor Lachen nicht mehr halten kann, Momente der Freude und Geborgenheit.

Ein Lebensmotto von mir ist es, dass ich mich von Leuten mit negativer Energie trenne. Als junger Mensch hatte ich einige Freunde, die eher negativ eingestellt waren. Es fiel mir damals gar nicht auf, dass die ständig jammerten. Natürlich ist keiner davor gefeit, einmal einen schlechten Tag zu haben, man kann jedoch an sich und seiner Einstellung zum Leben arbeiten. Ich habe zum Beispiel – was gar nicht einfach war – aufgehört, im Auto zu fluchen. Inzwischen bin ich die meiste Zeit entspannt, rege mich selten und dann nur noch ein bisschen auf.

Einen kühlen Kopf zu bewahren, bewährt sich natürlich auch in der Firma. Es geht nicht darum, keine Emotionen mehr zu haben. Aber ich habe in den letzten fünf Jahren nie jemanden angeschrien. Das erschiene mir als totale Verschwendung von Energie. Wenn ich schreie, dann auf den letzten Metern vor dem Ziel oder meinetwegen beim Bankdrücken.

Christian Deutschbauer

Zur Person:

Christian Deutschbauer ist ein Freund, der eigentlich erst vor wenigen Jahren in mein Leben gekommen ist. Er ist eine

Generation älter und bringt dementsprechend viel Erfahrung mit. Obendrein ist er wohl einer der besten Gastgeber, die ich kenne – und dem Feiern nicht abgeneigt.

Anekdote:

Es war Florians Geburtstagsfeier 2017. Dort wollte ich ihn erstmals meiner Frau Simone vorstellen. Immer wieder hatte ich ihr von Florian sehr positiv erzählt, und sie war schon sehr neugierig.

Im Lokal angekommen, stellte ich die beiden einander vor, und sie wechselten ein paar Worte. Als Florian sich zwischendurch kurz umdrehte, um jemand anderen zu begrüßen, zündete sich Simone eine Zigarette an. In diesem Moment wandte sich Flo wieder ihr zu und riss ihr die Zigarette aus dem Mund, um sie auf den Boden zu schmeißen. Simone war so empört, dass wir sofort gehen mussten. Mit so einem Proleten wolle sie nichts zu tun haben, erklärte sie mir.

Kurze Zeit später trafen wir einander am Eingang von einer Veranstaltung in Kitzbühel. Auch dieses Treffen stand allerdings unter keinem guten Stern: Simone trug ein langes Abendkleid. Während ich Florian begrüßte, stieg er ihr – versehentlich – mit seinen Schneeschuhen auf den Kleidersaum. Resultat: Das Abendkleid war schmutzig und nass. Auch diese Episode half nicht wirklich, das Verhältnis zwischen Flo und Simone zu verbessern.

Dann kam eine Sommereinladung zu Florian auf den Bauernhof, mit Freunden und Familie. Hier brach endlich das Eis: Simone war auf Anhieb von Flo und seinen Eltern angetan. Seither lebt die Freundschaft!

Kurzinterview:

Welche drei Bücher haben dich verändert und was sind deine Topleseempfehlungen?
The Secret, *Finding My Virginity* (Richard Branson), Elon Musks Biografie, *The Four – The Hidden DNA of Amazon, Apple, Facebook and Google*.

Welchen drei Personen folgst du auf Social Media und warum?
René Benko im Immobereich. Sonst niemandem. Sollte ich aber vielleicht einmal überdenken.

Welche Empfehlungen würdest du aufgrund deiner bisherigen Erfahrungen deinem 18-jährigen Ich geben?
Work hard – play hard; Konsequenz und Konstanz.

Welche zwei Urlaubsdestinationen würdest du deinem besten Freund empfehlen?
Miami, Cartagena (Kolumbien), Australien: Fraser Island.

Hattest du ein Schlüsselereignis in deinem Leben, das dich dorthin gebracht hat, wo du heute bist?
Ein beinahe tödlicher Autounfall, der mir immer das Gefühl gegeben hat, dass ich auf Kredit lebe und daher nichts mehr falsch machen kann.

Was ist dein Lieblingssong fürs Work-out/zum Arbeiten/zum Relaxen?
James Blunt, DJ Tony Alones, DJ Sam Starks.

Was konntest du von Florian lernen/erfahren/mitnehmen?
Klare Ausdrucksweise; er ist energiegeladen, ausdauernd und lässig; Handschlagqualität, Zielstrebigkeit.

Auf welches Tool/welche App würdest du im Beruf/privat nicht verzichten wollen?
WhatsApp, SoundCloud, Spotify, Uber, N-TV, Sonos, Willhaben, Mobile.de, Forbes.

Gibt es etwas Verrücktes, an das du glaubst und das keine andere Person mit dir teilt?
Der Glaube versetzt Berge, man erreicht, was man denkt!

Wer ist dein Idol und weshalb?
Habe kein richtiges Idol, mir gefällt sehr gut Steve McQueen, Branson, Musk, auch mein Freund Toto Wolff, gibt aber auch noch jede Menge andere erfolgreiche Menschen, die toll sind, unter dem Motto: Erfolg ersetzt jedes Argument.

Gibt es etwas, das du anders machst als alle anderen Menschen?
Genau das Andersmachen ist Teil meines Erfolges. Ich kann mich gut selber einschätzen, vor allem weiß ich, dass ich vieles nicht kann!

Wie motivierst du dich zu Höchstleistungen?
Ich kann mich nur schwer zu Höchstleistungen motivieren, bin aber im 80- bis 90-Prozent-Bereich stark, ausdauernd und zielstrebig.

Margot Helm

Zur Person:

Margot habe ich gleichzeitig mit ihrem Mann Günther kennengelernt. Beide waren mir in der ersten Sekunde sympathisch,
und aus einem Kennenlernen wurde bald eine innige Freundschaft. Für mich ist Margot der »Wunderwuzzi«: Sie kann fast
alles und kriegt auch alles unter einen Hut. Sie kann blitz-
schnell von Privat- auf Businessmodus umschalten und weiß
sehr gut mit Menschen umzugehen. Mich fasziniert die Liebe
zum Detail, die sich etwa bei einem Abendessen bei ihnen zu
Hause zeigt. Bei aller Perfektion: Es gibt auch die Momente, in
denen wir einfach bloß miteinander Spaß haben. In denen
nicht alles »tippitoppi« ist, sondern einfach nur lustig. Beispiel: Unsere WhatsApp-Gruppe heißt »Unicorns« …
Neben der privaten Beziehung ist auch noch zu erwähnen,
dass sie selbst Unternehmerin ist und mit Andmetics gerade
im Start-up-Business durchstartet!

Anekdote:

Wenn ich an Flocorn denke – ja, auch Florian hat einen Ein-
hornspitznamen – dann fallen mir viele Anekdoten ein: lustige,
traurige, tiefsinnige, sportliche, komische, heitere – eine Fülle
an einzigartigen gemeinsamen Erlebnissen. Denn man mag
es glauben oder nicht – in Flo stecken viele unterschiedlichste
Menschen.
Er ist ein bodenständiger Bub vom Land, der jeden Sonntag
seinen Eltern auf dem Bauernhof einen Besuch abstattet und
die Familie und Natur liebt; ein weltoffener Entrepreneur mit
extrem schneller Auffassungsgabe, der immer wieder aphro-

disiert vom fernen Silicon Valley mit 1000 Ideen und Inspirationen im Gepäck heimkommt; ein selbstbewusster Speaker, der vor Hunderten Menschen auf der Bühne steht. Er ist einer, der furchtlos und dynamisch durchs Leben geht, wenn es um den Sport und die Adrenalinkicks geht; ein Junge, in dem eine erfrischende Art kindlicher Naivität und Verspieltheit steckt, der sich auch einmal stundenlang mit einem ferngesteuerten Bagger beschäftigen kann; ein Feinschmecker und Partytiger, der einen guten Schluck Sprudel in einem tollen Restaurant schätzt, aber – ebenso – entspannte Sushiabende auf der Couch. Er ist ein Freund, der den regelmäßigen Kontakt sucht, menschlich und hilfsbereit ist, zuhören aber auch beratend tätig sein kann oder überraschend vor der Tür mit persönlichen Geschenken und handgeschriebenen Karten steht. Er ist ein Mensch, der verlässlich, verbindlich, tiefsinnig und überlegt ist.

Günther Helm

Zur Person:

Günther Helm, Generaldirektor bei Hofer Österreich, ist eine Maschine, so könnte man es wohl am besten beschreiben. Er wurde bereits mit Anfang 30 CEO einer 10 000-Mann-Company. Als ich ihn eines Tages in Kitzbühel kennenlernte, zeigte er mir alle seine Runtastic-Apps und seine Rekorde. Ich dachte mir nur: Der ist sportlich in meiner oder sogar über meiner Liga, und das gibt es selten. Der Rest ist eigentlich Geschichte, und ich freue mich, mit Günther und Margot noch ganz viele tolle Stunden, Reisen, Partys, Businesses und so weiter zu verbringen und zu machen.

Anekdote:

Wenn ich darüber nachdenke, wie Florian und ich einander kennengelernt haben, dann fällt mir nur ein, dass es bei uns beiden sofort »gefunkt« hat: Jeder wusste vom anderen, der Bursche ist in Ordnung, mit dem kannst du was machen. Klingt kitschig, aber seit diesem Tag ist daraus eine intensive Freundschaft entstanden, die weit über das gemeinsame sportliche Interesse hinausgeht. Wir verbrachten viel Zeit mit Sport, Ideenaustausch, Grillabenden, neuen Business- und Leadership-Konzepten oder saßen zu Hause und hatten Spaß. Es waren viele schöne Stunden – egal ob im Sportoutfit im Gym oder auf einer Hütte in den Bergen.

Wenn ich auf diese letzten Jahre zurückblicke, bin ich Florian in mehrfacher Hinsicht dankbar: zum einen, weil er ein wirklich fantastischer Freund und Mensch ist, auf den man sich jederzeit verlassen kann, zum anderen, weil Runtastic mein Leben nachhaltig positiv verändert hat. Es hat mir nämlich geholfen, Sport noch bewusster und nachhaltiger auszuüben als jemals zuvor. Runtastic ist in diesem Bereich für mich zu einem echten Game Changer geworden. Nur aufgrund der App bin ich heute Halbmarathonläufer, Triathlet und ein noch größerer Fitnessfan.

Bei vielen gemeinsamen sportlichen Aktivitäten, im Speziellen aber bei Läufen früh morgens oder spät abends bei jeder Witterung, haben wir oft über die Herausforderungen und Unterschiede zwischen Konzernleben und Start-up-Welt diskutiert und uns gegenseitig mit unseren Gedanken und Sichtweisen bereichert. Jeder wollte lernen, jeder wollte wissen, wie es so war auf der anderen Seite. Am Ende verstand jeder die andere Seite ein wenig besser.

Neben den vielen beruflichen Inputs, die wir uns gaben, war es immer die Persönlichkeit des anderen, die uns fasziniert hat: ständig voneinander lernen, altbewährte Sichtweisen zu hinterfragen, um ein noch besserer Partner, Freund und Leader zu werden – das treibt uns an.

Kurzinterview:

Welche drei Bücher haben dich verändert und was sind deine Topleseempfehlungen
Simon Sinek: *Start with Why – How Great Leaders Inspire Everyone to Take Action*; Samuel B. Griffith, Oxford 1971: *Sun Tzu – The Art of War*; Tim Winton: *Breath*.

Welchen drei Personen folgst du auf Social Media?
Keinen Personen, sondern eher Themen: Sea Shepherd, House of Leaders, *Surfer Magazine*.

Welche Empfehlungen würdest du deinem 18-jährigen Ich geben?
Fokussiere dich auf deine Ziele, und du wirst sie erreichen. Bevor du aufgibst, erinnere dich immer daran, warum du begonnen hast – der Glaube an dich selbst entscheidet am Ende darüber, ob du deine Ziele erreichen wirst oder nicht.

Welche zwei Urlaubsdestinationen würdest du deinem besten Freund empfehlen?
North Shore Hawaii (*best surfer spot ever* und *great lifestyle – hang loose*), Australien (Kangaroo Island, Sydney … einfach alles dort).

Gibt es ein Schlüsselerlebnis, das dich dorthin gebracht hat, wo du heute bist?
Eine hochalpine Bergtour während meiner Offiziersausbildung,

wo ich lernen durfte, dass die eigenen Grenzen nicht dort liegen, wo man sie selber vermutet. Die Erfahrung, darüber hinauszugehen, setzt eine Energie in dir frei, mit der man buchstäblich alles erklimmen kann.

Dein Lieblingssong fürs Work-out/zum Arbeiten/zum Relaxen?
The xx: »Intro« – *best before you start your workout*; Stille – *no music during work*; Chopstick & Johnjon: »Pining Moon« – *best for relaxing*.

Was konntest du von Florian erfahren/lernen/mitnehmen?
Ich habe von Flo viel Freundschaft erfahren und dass man sich füreinander einfach die Zeit nehmen muss – denn von alleine passiert nichts.

Auf welche App würdest du nicht verzichten wollen?
WhatsApp.

Welchen TED Talk empfiehlst du?
Simon Sinek: »The golden circle«.

Gibt es etwas Verrücktes, an das du glaubst, an das sonst aber niemand glaubt?
Nein.

Hast du ein Idol?
Es gibt eigentlich kein Idol im klassischen Sinn für mich. Aber es gibt Menschen, deren Fähigkeiten ich bewundere. So zum Beispiel meine Frau, die – egal welches Hindernis sich ihr in den Weg stellt – immer positiv darauf zugeht und sich nicht davon unterkriegen lässt. Sie baut buchstäblich Häuser aus

den Steinen, die sich ihr in den Weg legen. Diese Fähigkeit bewundere ich!

Was machst du anders als alle anderen Menschen?
Nachdem ich nicht alle anderen Menschen kenne, ist das nicht so einfach zu beantworten. Ich denke, ich bin diszipliniert und fokussiert in allem, was ich tue, dabei dennoch lebensfroh und unbeschwert.

Wie motivierst du dich zu Höchstleistungen?
Du musst den Prozess lieben, der dich zu deinem Ziel bringt. Das motiviert mich immer wieder, denn die Zielerreichung ist dann nur mehr die logische Konsequenz daraus.

Michael Hurnaus

Zur Person:

Michael Hurnaus ist Gründer des Start-ups Tractive, eines GPS-Trackers für Haustiere. Vor seinem Sprung ins Unternehmertum arbeitete der gelernte Vermessungstechniker als Entwickler bei Microsoft, danach bei Amazon, wo er Projektleiter für den Kindle Fire war.

Es war etwa im Mai 2012, als mich Florian auf einer Silicon-Valley-Reise über Facebook angeschrieben und mich gefragt hat, ob ich Zeit und Lust hätte, auf einen Drink zu gehen. Ich habe damals dort gelebt und mich gefreut, von Florian zu hören. Er hat mir erzählt, dass er jetzt seine eigene Firma hätte und dass es unendlich Spaß macht, etwas Eigenes auf die Beine zu stellen.

Ich hatte schon immer im Hinterkopf, einmal mein eigenes Unternehmen zu gründen, aber nie wirklich den Mut, es tatsächlich zu tun. Zu gut war meine berufliche Karriere bis dorthin verlaufen. Anspruchsvolle Jobs, ein schneller Aufstieg und gutes Gehalt in einer sonnigen Gegend – nicht einfach, so etwas aufzugeben.

Florian hat mir damals in diesem Gespräch in einem Nebensatz erzählt, dass er so begeistert ist von der Selbstständigkeit, dass er sich selbst geschworen hat, sich in seinem Leben nie wieder irgendwo zu bewerben.

Diese Worte gingen mir dann einige Wochen durch den Kopf. Schließlich – etwa zwei Wochen später – hat mich Florian wieder kontaktiert und mich bestärkt, auch mein eigenes Unternehmen zu gründen. Er hat mir vorgeschlagen, die CEO-Rolle für ein neues Unterfangen anzunehmen. Zwei brillante Techniker hätte er bereits in der Hinterhand, und er könnte sich mich gut als treibende Kraft vorstellen.

Wenige Tage später bin ich dann nach Österreich geflogen, um diese Möglichkeiten noch einmal mit ihm zu besprechen. Florian war vorbereitet und hatte sogar eine kurze Präsentation zusammengestellt, um mich zu überzeugen. Vermutlich hätte es auch ohne diese Präsentation funktioniert, mich zu motivieren und zu überzeugen, das Risiko einzugehen und den Schritt zu wagen.

Kurz darauf kam das Okay von meiner Seite, und dann nahm alles seinen Lauf. Heute, fast sechs Jahre später, waren es Florians Worte, die meine Entscheidung gelenkt und dadurch mein Leben grundlegend verändert haben. Ich bin sehr dankbar dafür und habe es bisher keine Sekunde lang bereut.

Interview:

Welche drei Bücher haben dich verändert und was sind deine Topleseempfehlungen?
Tim Ferriss: *Tribe of Mentors;*
Robert Kiyosaki: *Rich Dad Poor Dad;*
Dale Carnegie: *How to Win Friends and Influence People.*

Welchen drei Personen folgst du auf Social Media und warum?
Ich folge keinen berühmten Persönlichkeiten oder Influencern, sondern meinen Freunden. Social Media sind für mich ein Weg, mit meinen Freunden, die ich nicht jeden Tag sehe, in Kontakt zu bleiben.

Welche Empfehlungen würdest du aufgrund deiner bisherigen Erfahrungen deinem 18-jährigen Ich geben?
Mach nicht das, was andere von dir erwarten, sondern das, was du selbst gerne machst.

Welche zwei Urlaubsdestinationen würdest du deinem besten Freund empfehlen?
Französisch-Polynesien, speziell die Insel Le Taha'a; Las Vegas, weil es einfach ist, dort dem Alltag zu entfliehen.

Hattest du ein Schlüsselereignis in deinem Leben, das dich dorthin gebracht hat, wo du heute bist?
Ein Schlüsselereignis war für mich sicherlich während des Studiums das Angebot für ein Berufspraktikum von Siemens Corporate Research in Princeton, NJ, USA. Durch dieses Praktikum habe ich amerikanische Arbeitsluft schnuppern dürfen und mich dafür begeistert. Dieses Auslandspraktikum

hat meinen Horizont signifikant erweitert und mir in weiterer Folge viele Türen geöffnet. Ich kann es jedem jungen Leser nur nahelegen, schon in jungen Jahren ein paar Monate im Ausland zu verbringen.

Was ist dein Lieblingssong fürs Work-out/zum Arbeiten/ zum Relaxen?
Mike & the Mechanics: »Word of Mouth«.

Was konntest du von Florian lernen/erfahren/mitnehmen?
Florian zeigt immer wieder, dass man neben einem spannenden Unternehmen auch den Spaß nicht zu kurz kommen lassen darf. Mehr als einmal haben wir nach einem anstrengenden Tag Party gemacht oder uns einen actionreichen Tag gegönnt (Fallschirmspringen, Rallyefahren und Ähnliches). Trotz seines beruflichen und dadurch gegebenen finanziellen Erfolges legt er großen Wert auf seine Freundschaften.

Auf welches Tool/welche App würdest du im Beruf/privat nicht verzichten wollen?
Der Umstieg von einer »normalen« Geldbörse auf einen I-Clip (eine Geldbörse, die Kreditkarten und Bargeld auf engstem Raum verstaut) war für mich ein Game Changer. Ich habe es bereits vielen Freunden empfohlen und bekomme immer das Feedback, dass die Leute begeistert sind.

Welchen TED Talk sollte ein jeder gesehen haben?
Simon Sinek: »How great leaders inspire action« (zu sehen unter: *https://www.ted.com/talks/simon_sinek_how_great_leaders_ inspire_action*).

Wer ist dein Idol und weshalb?
Business Angel, Mentor und Freund Hansi Hansmann. Weil ich einmal so erfolgreich werden – und dabei so bodenständig und hilfsbereit bleiben möchte – wie er.

Gibt es etwas, das du anders machst als alle anderen Menschen?
Ich bin jemand, der regelmäßig Veränderung braucht, und wechsle mein Auto alle drei bis sechs Monate. Hauptsächlich weil mir der Prozess des Kaufens und Handelns Spaß macht. Einen rationalen Grund dafür habe ich allerdings bis dato noch nicht gefunden.

Wie motivierst du dich zu Höchstleistungen?
Ein Ziel vor Augen zu haben und alles zu geben, um dieses Ziel zu erreichen. Competition hilft natürlich auch immer, sich weiter zu motivieren.

Mit dem Erfolg umgehen lernen

Viele Menschen fragen mich, was sich in meinem Leben geändert hat, seit wir die großen Deals geschlossen haben. Die Antwort auf diese Frage ist gar nicht so einfach. Geld macht dich sicher nicht glücklich, aber es beruhigt doch unheimlich, wenn du dir keine großen Gedanken mehr über die existenziellen Dinge machen musst, etwa dass deine Waschmaschine den Geist aufgeben könnte und du dir die Reparatur nicht leisten kannst.

Andererseits bleiben viele Dinge, wie sie waren. Nach wie vor knüpfe ich Investitionen oft an bestimmte Ziele, die ich mir selbst stecke und die ich zunächst erreichen muss. Den Porsche zum Beispiel hätte ich mir wahrscheinlich viel früher kaufen können.

Aber ich habe ihn bewusst an die Ziele im Folgejahr nach dem Axel-Springer-Deal geknüpft. Für mich selbst war das eine ungeheure Motivation.

Natürlich haben sich inzwischen die Relationen verändert. Ich habe immer schon gerne Geld für Kleidung ausgegeben, und ich mag schöne Uhren. Nach wie vor genieße ich jedoch die Vorfreude, die sich aus dem Informieren über eine Sache, dem Zuwarten und Vergleichen zusammensetzt. Das macht ja oft mehr Spaß als der Besitz selbst. Die 15 Jahre alte Vorfreude auf den Porsche war fast genauso schön, wie ihn dann in der Garage stehen zu haben.

Ich gehe heute weniger aus. Wenn ich jedoch ausgehe, gebe ich für gutes Essen und Trinken gerne Geld aus. Da können schon einmal 500 Euro zusammenkommen, wenn sich der Abend gut entwickelt. Es muss für mich allerdings immer noch ein gewisser Bezug zwischen Preis und Wert bestehen. Wir waren einmal auf Ibiza auf Urlaub. Und – das muss ich ganz ehrlich sagen – ich kann einfach nicht einsehen, warum ich für eine Dose Red Bull 20 Euro zahlen soll. Da geht es nicht darum, dass ich mir die 20 Euro nicht leisten kann, aber wenn die Relationen verloren gehen, verliere ich das Interesse.

Seit meiner Jugendzeit mache ich einmal im Monat eine Art Kostenrechnung und schaue, wo ich stehe. Das motiviert mich und macht mir Spaß. Ich bin auch weiterhin für Schnäppchen sehr empfänglich. Die Heidelbeeren nehme ich am liebsten dann im Supermarkt, wenn sie minus 25 Prozent kosten. Allerdings kontrolliere ich zuerst, ob eine verschimmelte drin ist. Ich glaube, diesen Reflex werde ich niemals abstellen können.

Zu weit sollte man den Geiz allerdings auch nicht treiben. Ein guter Freund hat einmal zu mir gesagt: »Man muss darauf schauen, dass man nicht als der reichste Mann auf dem Friedhof liegt.« Wenn man – so wie in meinem Fall – einen Hintergrund hat, der nicht unendlich reich und begütert ist, wenn man gewöhnt ist, mit dem Geld hauszuhalten, muss man fast lernen, Geld auszugeben.

Ich bin 2017 zum ersten Mal in meinem Leben Businessklasse geflogen. Zuvor hätte ich mir das niemals geleistet. Unsere Mentalität bei Runtastic hätte zu solchen Ausgaben einfach nicht gepasst. Da gab man nicht einfach mal auf die Schnelle 2.500 Euro für einen Flug aus, den man auch für 300 Euro hätte haben können. Inzwischen muss ich sagen: Ja, es macht Sinn, wenn man vor einem Meeting erholt ankommt und dann produktiv arbeiten kann.

Eine Herausforderung, die mit dem Erfolg gekommen ist: die Bodenhaftung nicht zu verlieren. Um Produkte für die Masse zu verstehen, darf man nicht vergessen, wie der Mensch mit Durchschnittseinkommen denkt. Diese Fähigkeit geht verloren, wenn man sich in Luxusgütern verliert und nur noch mit Leuten abhängt, die ebenfalls einen Kilometer über dem Boden schweben.

Ich war eine Zeit lang viel mit Profifußballspielern unterwegs. Da merkt man, dass bei vielen der Bezug völlig verloren gegangen ist. Die trinken zwei kleine Espresso, geben einen Fünfziger und sagen: »Passt schon.« Das kann ich nicht nachvollziehen.

Wie es mir geht?

Wenn ich mit Journalisten spreche, wollen sie oft wissen, wie es mir geht. Was mich bekümmert. Ob mir etwas fehlt. Es gibt da vermutlich irgendwie die Erwartung, dass einer wie ich, dem vieles gut gelungen ist, auch leiden oder mit einer dunklen Facette kämpfen muss. Tatsächlich ist es aber so, dass ich im Moment recht zufrieden bin.

Vielleicht kämpfe ich am ehesten damit, dass ich meine Ideen nicht mehr ganz so direkt umsetzen kann wie zu Start-up-Zeiten im Team mit meinen drei Gründerkollegen. Manchmal nervt es mich, nicht mehr alles gleich selber machen zu können, weil mir ein ganzes Team an Spezialisten zur Seite steht.

Natürlich frage ich mich wie jeder Mensch auch, was wohl als Nächstes kommen, wo die nächste Herausforderung liegen wird.

Mein Hunger ist ebenso wenig gestillt wie meine Neugierde. Ich bin gespannt, ob sich die Leute noch für mich interessieren, wenn ich eines Tages nicht mehr Runtastic-CEO bin. Ich glaube, dass ich jedenfalls weiterhin spannende Projekte machen möchte und auch irgendwie machen muss. Ein zweites Mal so etwas wie Runtastic zu bauen, wird nicht leicht werden, aber das heißt ja nicht, dass man es nicht versuchen sollte.

Meine Gadgets

Die Leute fragen mich oft, ob ich nicht Angst hätte, dass Alexa, die seit einigen Monaten bei mir im Wohnzimmerregal steht, alles mithören würde. Meine Antwort ist immer dieselbe: Warum hast du keine Angst, dass dein Smartphone mithört? Es ist ebenfalls ständig mit dem Internet verbunden, hat ein Mikrofon und gehört einem großen US-Konzern. Aus meiner Sicht gehört es für jemanden, der Technologie entwickelt und verkauft, einfach dazu, die neusten Gadgets zu haben. Ich will verstehen, was sie leisten und wie sie funktionieren. Dasselbe erwarte ich auch von den Entscheidungsträgern und Entwicklern bei Runtastic. Die müssen Cutting-Edge-Technologien nutzen und verstehen, damit wir entsprechende Produkte in unser Sortiment einbauen können.

Persönlich habe ich auch einfach großen Spaß, mir die Möglichkeiten verschiedener Gadgets zu überlegen und sie in meinem Alltag einzubauen. Hier meine Liste:

- Smartphone: iPhone X, 256 GB
- Macbook Pro 13 Zoll
- iPad (super verstaubt im Kasten)
- Kindle Paperwhite: Was das Lesen angeht, bin ich multimedial unterwegs. Ich lese meine Bücher auf dem Handy, auf dem

Kindle oder im Print. Mittlerweile nutze ich auch Hörbücher.

- Alexa
- Sonos-Stereoanlagen
- Playstation 4 Pro: Ich bin kein großer Zocker, aber hin und wieder finde ich es richtig toll, mir eine Nacht mit FIFA Soccer um die Ohren zu schlagen. Fußball, Autorennen und Shooter sind dabei meine Favoriten. Und am meisten macht es natürlich mit Freunden Spaß.
- In meinem Wohnzimmer steht ein riesiger Fernseher mit 180 Zentimetern Diagonale. Ich schaue recht viel fern, meistens am Abend, und dann entweder über Netflix, Amazon Prime, Apple TV oder eine Roku-Box. Auch im Schlafzimmer habe ich einen Fernseher. Es gibt Leute, die finden, das sei ein Liebestöter. Ich finde das nicht. Vor dem Schlafengehen schaue ich meistens noch eine halbe Stunde.
- Apple Watch: Trage ich immer mal wieder. Aber oft bevorzuge ich meine anderen Armbanduhren. Die sind schöner.
- Garmin Watch: zum Training
- Ganz wichtig: Ich habe meistens fünf Akkupacks dabei, unverzichtbar auf Reisen.
- Garmin-Fahrradcomputer
- Bose-Boxen (wireless)
- Apple Airpods
- Bose-Kopfhörer mit Noise Reduction zum Fliegen
- Every-Day-Pack: eine normale Laptoptasche
- Zwei Ladegeräte: eines für die Arbeit, eines für daheim

Florians Bücher

- *The Hard Thing About Hard Things* (Ben Horowitz)
- *Originals* (Adam Grant)

- *Thinking, Fast and Slow* (Daniel Kahneman)
- *How Google Works* (Eric Schmidt)
- *Hooked* (Nir Eyal)
- *Rich Dad Poor Dad* (Robert Kiyosaki)
- *Start with Why* (Simon Sinek)
- *Tools of Titans* (Tim Ferriss)
- *Shoe Dog* (Phil Knight)
- *The Big Five for Life* (John Strelecky)
- *Total Recall* (Arnold Schwarzenegger)
- *Unlimited Power* (Tony Robbins)

Florians TED-Talk-Empfehlungen

- *https://www.ted.com/talks/ken_robinson_says_schools_kill_ creativity?referrer=playlist-the_most_popular_talks_of_all*

- *https://www.ted.com/talks/amy_cuddy_your_body_language_ shapes_who_you_are?referrer=playlist-the_most_popular_ talks_of_all*

- *https://www.ted.com/talks/simon_sinek_how_great_leaders_ inspire_action?referrer=playlist-the_most_popular_talks_of_all*

- *https://www.ted.com/talks/tony_robbins_asks_why_we_do_ what_we_do?referrer=playlist-the_most_popular_talks_of_all*

- *https://www.ted.com/talks/dan_gilbert_asks_why_are_we_ happy?referrer=playlist-the_most_popular_talks_of_all*

- *https://www.ted.com/talks/tim_urban_inside_the_mind_ of_a_master_procrastinator?referrer=playlist-the_most_ popular_talks_of_all*

KAPITEL II

Ich dachte mir, ich nenne dieses Kapitel »Kapitel II«. Aber was soll Kapitel II überhaupt sein? Und warum folgt es mit dieser Nummerierung auf die Kapitel Eins bis Neun?

Hier die Auflösung. Ich werde Runtastic mit Ende dieses Jahres 2018 verlassen. Damit wird das erste Kapitel meines Lebens zu Ende gehen und ein neuer Abschnitt beginnen: Ihn will ich Kapitel II taufen.

Während ich diese Zeilen schreibe, sitze ich im Flieger nach Palma de Mallorca, wo ich mit meinen Gründerkollegen eine kleine Ferienwohnung habe. Rund um mich lärmen Jugendliche, die sich in Stimmung für den Ballermann trinken. Ganz lustig eigentlich. Es ist der 22. Juni, und nur ganz wenige Menschen wissen bis dato, dass ich schon bald nicht mehr der CEO von Runtastic sein werde und das Unternehmen mit 2019 verlassen will.

Damit werde ich mich nach zehn Jahren von – wenn man so will – meinem Baby, von meinen Kollegen und Freunden, von viel Erfolg und tausenden tollen Geschichten trennen.

Ich bin gestern mit dem Auto zu einer Keynote gefahren und dachte währenddessen darüber nach, wie ich wohl am besten die Kommunikation dazu gestalten werde, und dabei ist mir die Analogie »Crawl – Walk – Run« eingefallen; also »krabbeln – gehen – laufen«. Diese beschreibt auch die Entwicklung von Runtastic am besten, das inzwischen längst dem Kleinkindalter entwachsen ist und schon vor einigen Jahren das Laufen erlernt hat.

Die Geschichte von Runtastic war und ist eine unglaublich schöne Reise gewesen, die an diesem Punkt noch lange nicht zu

Ende ist. Für Runtastic und für adidas beginnt sie eigentlich erst so richtig: Wir befinden uns auf den ersten Kilometern des gemeinsamen Marathons und sind unterwegs zu vielen großen Erfolgen.

Zurück zu mir und meiner Entscheidung. Viele werden sich wohl die Frage stellen: »Warum macht er das? Was sind seine Beweggründe? Ist es für ihn eine leichte Entscheidung?« Ehrliche Antwort auf die letzte Frage: nein, ist es nicht. Aber es ist notwendig. Notwendig für mich. Das erste Mal im Leben fühlte ich mich etwas müder, hatte nicht immer das Gefühl, dass ich 120 Prozent gebe und geben kann. Auch mein Körper hat mir mit Kleinigkeiten da und dort gezeigt, dass ich einmal eine Auszeit brauche.

Ich weiß, dass ich mich als CEO von Runtastic in einer unglaublich tollen Position befinde. Ich kann und darf mir vieles leisten, lerne tolle Menschen kennen und habe in mancher Hinsicht meinen Lebenstraum verwirklicht. Nichtsdestotrotz fühle ich mich zugleich auch irgendwie gefesselt. Vermutlich liegt das mehr an mir und meiner Erwartungshaltung an mich selbst als an den äußeren Umständen: Aber als CEO eines Unternehmens möchte ich alles geben und die Dinge perfekt machen.

Ausreichend Zeit für mich, für meine Freunde und für die Familie zu schaffen, fällt mir richtig, richtig schwer. Und jetzt mal schnell sechs Monate eine Auszeit nehmen, spielt es als CEO eben nicht.

Ein weiterer Grund: Nach zehn Jahren mit Runtastic verspüre ich eine ungeheure Lust, etwas Neues zu probieren.

Als der österreichische Musiker Falco, der für mich immer einer der wohl coolsten Typen sein wird, im Jahr 1985 mit »Rock me Amadeus« den ersten Platz in den US-Billboard-Charts erreicht hat, war er stolz und traurig zugleich. Traurig deswegen, weil er gemeint hat, er werde sich von diesem Zeitpunkt an immer mit der eigenen Nummer 1 messen müssen. Die Chancen aber, so einen Erfolg jemals wieder einzufahren, seien sehr gering. Falcos Aussage war für mich schon vor vielen Jahren ein wichtiges Learning. Nein, ich muss es nicht nochmals schaffen, ein zweites Runtastic aufzubauen oder noch größer und erfolgreicher zu werden – wenngleich auch das eine interessante Challenge wäre...

Ich bin jetzt 35 Jahre alt und habe in den letzten zehn Jahren mit Runtastic Unglaubliches erleben dürfen. Nur ganz wenige Menschen kommen jemals in den „Genuss" so eine Reise zu unternehmen und all diese Erfahrungen zu machen.

Wie geht es im Kapitel II weiter?

Ehrlich gesagt: Aktuell weiß ich das absolut nicht. Ich weiß nur, dass ich 2019 ein paar Monate lang ganz einfach gar nichts tun möchte – mit Ausnahme von Reisen, Zeit mit Freunden verbringen und einfach jenen Dingen nachgehen, für die während unsere High-Noon-Zeiten bei Runtastic keine Zeit war. Und natürlich: Sport. Ich kann es buchstäblich nicht erwarten, mich jeden Tag ein paar Stunden voll auszupowern.

So schön dieses neue Leben auch klingen mag, so groß ist auch mein Respekt vor dieser Entscheidung: Was, wenn mir langweilig wird? Wenn mir die Zeit mit meinen Kollegen und Mitarbeitern abgeht? Wenn ich in eine Art Loch falle? Wenn ich das Gefühl bekomme, nicht mehr gebraucht zu werden?

Und – ohne Frage – mit allen diesen negativen Gefühlen werde ich konfrontiert sein. Keine großen Entscheidungen mehr treffen zu müssen und dürfen, keine großen Verpflichtungen zu haben, keine Businesstrips unter höchstem Zeitdruck zu machen. Vor einem Leben ohne diese Elemente habe ich gewaltigen Respekt.

An dieser Stelle darf ich mich an dich, liebe Leserin, lieber Leser, wenden. Zunächst einmal: Danke, dass du dich mit diesem Buch und mit meiner Lebensgeschichte beschäftigst. Ich hoffe wirklich, ich konnte dir etwas mitgeben. Auch wenn es vielleicht nur eine Kleinigkeit ist, hat es sich für mich damit schon gelohnt, dieses Buch geschrieben zu haben. Hier meine Bitte an dich: Ich bin gerade dabei meine *Bucket List* neu aufzufüllen mit Dingen, die man im Leben keinesfalls versäumen darf. Ich würde mich freuen, wenn du deine besten Ideen, Momente und Erlebnisse mit mir teilst. Egal was es war – ob Reisetipp, Tauchgang, Örtlichkeit oder obskures Gericht –, lass es mich wissen!

Schreibe an <u>bucketlist@florian.do</u>

DANKSAGUNG

So, zurück in die Realität. Gefühlte Flugzeit liegt noch bei einer Stunde. Die Party im Flieger ist am Kochen. Ich habe noch zirka 20 Emails abzuarbeiten, und dann geht es ab in die Sonne. Zum Abschluss noch ein paar Gedanken.

Zunächst: Danke an alle, die mich die letzten zehn Jahre begleitet haben, und an alle, die ich irgendwie kennenlernen durfte. Spezieller Dank gilt natürlich all jenen großartigen Menschen in meinem näherem Umfeld, die für mich da waren, mit denen ich mich austauschen und von denen ich lernen durfte: Ihr seid die Besten!

Meine Gründerkollegen kann ich mit Worten allein gar nicht genug hervorheben. Ich bin schon gespannt, wohin die Reise mit Runtastic geht und welch großartige Dinge passieren werden.

Schließlich mein Dank an alle Runtastics, alle Wegbegleiter und alle Runtastic-User, die uns ihr Vertrauen geschenkt haben und beschlossen haben, mit unseren Produkten ihr sportliches Leben zu organisieren. It's been a hell of a ride!

Diese letzten Worte tippe ich gerade auf der Tastatur mit Gänsehaut und mit Tränen in den Augen – es wird mir absolut nicht leicht fallen, euch zu verlassen...

Folgt mir auf Social Media!
Alle professionellen News gibt es auf:
LinkedIn: https://www.linkedin.com/in/floriangschwandtner/
Motivierendes zu Sport, Lifestyle und Beruf poste ich auf:
Facebook: https://www.facebook.com/florian.gschwandtner
Instagram: https://www.instagram.com/florian.gschwandtner/

TIMELINE

2002	Ausbildung in der landwirtschaftlichen Fachschule Francisco Josephinum in Wieselburg: Matura 2002.
2003	September 2003: Mobile Computing an der FH Hagenberg.
2006	Projekt an der FH Hagenberg: Livetracking der Rennjachten bei den World Sailing Games am Neusiedler See.
2007	Juni: erstes iPhone kommt in den USA auf den Markt.
2007	September: Florian beginnt, Supply-Chain-Management an der FH Steyr zu studieren.
2008	Mitte 2008: Apple eröffnet seinen App Store: Damit wird es Drittanbietern ermöglicht, Anwendungen für das iPhone einfach zu vertreiben.
2008	Herbst: Erstes Treffen von Florian und René, danach folgen regelmäßige weitere Treffen.
2009	Februar: Florian, René, Christian und Alfred treffen einander in Renés Wohnung und beschließen, das Unternehmen zu gründen.
2002	August: Die vier beziehen ihr erstes Büro. Name des Projektes ist zu diesem Zeitpunkt noch »M-Sports«.
2009	September: Florian macht seinen Abschluss in Steyr.

2009	Oktober: Florian, Christian Kaar, Alfred Luger und René Giretzlehner (Techniker) gründen die Runtastic GmbH mit Standort Linz-Pasching.
2009	Tag 0 – 10. Oktober: erster Angestellter.
2009	November: App gelauncht.
2010	April: Bezahlmodell und Android-Version von Runtastic kommen auf den Markt.
2010	Erster Platz bei der A1-App-Challenge mit einem Preisgeld von 50.000 Euro. Zu diesem Zeitpunkt hat Runtastic bereits 250 000 Nutzer.
2011	8. März: erster Platz bei der Show Your App Award 2011; die Software Runtastic verzeichnet 1 000 000 Downloads.
2011	April: 1,6 Millionen Downloads.
2011	Mai: Runtastic ist dem Kern nach profitabel: Gründer verdienen erstmals Geld.
2011	App-Entwicklung wird in ein eigenes Unternehmen – All About Apps – mit 13 Mitarbeitern ausgelagert. Hier werden mobile Anwendungen unter anderem für Mobilkom und Red Bull programmiert.

2012	Januar: Runtastic präsentiert bei der Consumer Electronics Show (CES) in Las Vegas die ersten Hardwareprodukte.
2012	Mai: Der Angel Investor Hansi Hansmann steigt mit über einer Million Euro bei Runtastic ein.
2012	April: 6,2 Millionen Downloads.
2012	30. Juni: Runtastic erzielt 1,2 Millionen Euro Umsatz (für das Geschäftsjahr 2011). Der Cashflow ist positiv.
2012	November: Florian präsentiert Fitness-App-Collection beim Pioneers Festival in Wien. Die Produktpalette wird damit deutlich vergrößert.
2013	14. Mai: 30 Millionen Downloads. Runtastic bietet jetzt insgesamt 15 verschiedene Fitness-Apps an, darunter ein »Ernährungsquiz«.
2013	1. Oktober: Axel Springer übernimmt 50,1 Prozent an Runtastic und bezahlt dafür 22 Millionen Euro als Einstiegsbewertung, welche in den kommenden Jahren auf über 50 Millionen angepasst wurde (dank Erreichung diverser Ziele).
2014	27. März: Die Runtastic-Apps kommen bereits auf 70 Millionen Downloads.

2013	August: Runtastic Orbit.
2015	August: Runtastic-Gründer, Axel Springer und alle Shareholder verkaufen an Adidas, sodass Adidas 100-Prozent-Eigentümer wird. Die gesamte Transaktion hat einen Wert von 220 Million Euro. Florian Gschwandtner bleibt Runtastic-CEO, die anderen Gründer übernehmen leitende Funktionen im Unternehmen.
2017	Mai: Eröffnung der neuen, erweiterten Runtastic-Zentrale in Pasching (Pluscity) bei Linz.

LESSONS LEARNED

- ✓ In jedem Produkt ein Businessmodell sehen.
- ✓ Wenn du eine Sache beginnst, mach sie fertig.
- ✓ Lebe dein Produkt!
- ✓ Suche die einfachere Lösung! Programmierer wollen oft alles gleich perfekt machen.
- ✓ Finde deine Stärken und baue sie aus!
- ✓ Suche dir ein gutes Team!
- ✓ Werde zum besten Verkäufer deiner selbst!
- ✓ Wenn du Unternehmer werden willst, ist es besser ein bisschen von vielem zu wissen als zu viel von nur einem.
- ✓ Lerne die Sprache deiner Kunden!
- ✓ Triff deine Entscheidungen schnell!